あの航空機事故は
こうして起きた

藤田日出男

新潮選書

目次

図版・図表　ジェイ・マップ

あの航空機事故はこうして起きた

まえがき

２００５年は、世界最大の航空機事故であった日航１２３便事故から、20年に当たる。

航空機の小さな事故（インシデント）は、いつもどこかで起きているものだが、最近の新聞報道に見るように、我が国ではかつてないほど航空の安全が注目されている。

航空機事故は、一度に失われる命の数が非常に多く、責任や賠償など多くの経済的な問題が絡んでくる。そのために、ともすると関係者の利害の対立から客観的な事故調査はいろいろな障害に阻まれる。また、事実関係も正確に報道されにくい。

本書に取り上げた８つのケースは、いずれも航空機史上、銘記されるべき重大な要因をはらんだ事故ばかりである。

コメット機のエルバ島墜落事故での徹底した海底捜索、羽田沖・全日空ボーイング７２７墜落事故に始まった日本の不明瞭な事故調査。日航１２３便・ジャンボ墜落事故に残されたボイスレコーダー。どの事故も、特徴ある相貌を持って甦ってくる。

突然のトラブルに見舞われた各時代の花形旅客機が、いかにして生還したか、どのように墜落していったか。入手し得る記録を基に、空と地上のドラマをコンパクトに再現したつもりである。

航空機は毎日の飛行が金属疲労や気象の変化の中での実験のような要素があり、事故原因の調査と究明が安全向上の鍵を握っている。

そのために事故調査は科学的に行われる必要がある。

事故調査の考え方は、

[正確に事実を収集、把握する]

←

[事実を分析して事故との関連を推定する]

←

[分析を総合して事故原因を究明する]

←

[推定原因を取り除く対策を考え、それに基づいて関係者に改善を勧告し実施する]

この過程を経て、事故の再発が防止され航空の安全が向上し利用者を守るという順路をたどるのが事故を減らす道である。

残念ながら我が国の航空事故調査の実態は、イギリスやアメリカに比べたとき大きな差があることは否定できない。本書のなかで触れたコメットや「スーシティ事故」の概要を読めばご理解いただけると思う。そうした未だに払拭されない問題点を知っていただきたかった。

そして、誤解を恐れずにいえば、「航空機事故はドラマである」。そこには死と隣り合わせになった者が行うぎりぎりの選択と決断がある。また、人間というものが時として陥る罠も。

いずれにせよ、これらの事故の記録は読者の方々が航空機に搭乗するときに漠然と抱く疑問、「飛行機が墜落する確率は非常に低いので今日も私は大丈夫だろうが、しかし落ちるにはどういう理由があるのだろう?」に興味ある回答をもたらしてくれるかも知れない。

そのような本であって欲しいと願っている。

平成17年8月

藤田日出男(元・日本航空パイロット)

第1章　日航123便・ジャンボ墜落事故

御巣鷹の尾根に墜落し520名の命が失われた日航123便・ジャンボの約30分間の飛行を、フライトレコーダー・交信記録・ボイスレコーダーを基に追ってみる。なお本章では、私が2003年夏に上梓した『隠された証言　日航123便墜落事故』を底本とし、そこに新たな加筆を行いつつ、簡明に事故の全体像と調査の問題点を記述することに努めた。あらかじめ、お断りしておく。

これから記述する墜落までの飛行概要には、読者には聞きなれない専門用語も多いと思う。そこでまず、簡単な解説をしておく必要があるだろう。

「フライトレコーダー」は、DFDR（デジタル式飛行記録装置）と呼ばれ、操縦士たちと航空機関士が行う主要な操縦操作とそれに反応する機体の各機能の変化、および高度、方位、速度、加速度、姿勢などを記録する。

「ボイスレコーダー」は、CVR（コックピット音声記録装置）と呼ばれ、コックピット内の天井につけられたマイクで全ての音を記録する。30分間収録のエンドレス・テープなので、それ以上飛行した場合、頭から順次新たな録音に取って代わられる。日航123便では32分16秒の録音時間があったため、事故発生から墜落までの31分53秒間すべてが録音されていた。「スコーク77」(スコーク・セブン・セブン)は、緊急事態を告げる国際救難信号。「スコーク」は鳥の鳴き声のことで、飛行機からの信号を意味する。「77」は緊急信号。旅客機は航空管制のレーダーに対して、応答電波を出す「トランスポンダー」を搭載していて、ダイヤルを決められた数字にセットすると、自動的に管制機関に自機の便名、高度、速度などを知らせることができる。空の「SOS」とお考えいただきたい。この信号を発すると、ATC(航空交通管制機関)の管制室に警報が出され、その飛行機には航行の優先権が与えられる。したがって、この信号の使用についてパイロットは、非常に慎重である。

「与圧」について説明しておく必要がある。現代の旅客機は燃料効率のよい1万メートル付近の高度を飛行する。

ボーイング747型機のようなジェット旅客機に乗ることは、離陸後10分ほどの間に、地上からエベレストの頂上に運びあげられるのと同じことである。

ヒマラヤなどの登山には、体を高度に順応させるために、5千メートル程度の高地で高度順応をしなければならない。その上酸素ボンベなど大変な装備がいる。8千メートル付近の高度には、地上に比べて半分以下の酸素しかないからだ。

8千メートル以上の高度を飛行していても、空の旅が快適なのは、客室内に空気をポンプで詰め込み、必要な酸素量を確保しているからだ。

このように客室を地上の気圧に近く保つことが「与圧」である。さらに温度を調節して快適な環境を保っている。客室は機外に比べて高い気圧が保たれている。そのため、胴体の壁には1平方メートル当たり約6トンの力が加わっている。

客室の壁に穴が開くと、空気が流出し、酸素の圧力が低下し、中にいる人たちはたちまち、酸素不足に陥る。

空気を漏らさないために胴体は金属の円筒の前後に隔壁がつけられ、中の気圧は弁の開閉によって、調節される。このように機内の空気の圧力を高めることを「与圧」と呼んでいる。

早い話、あなたが今いる部屋を気密にして、そのままエベレストの頂上に持っていったと、お考えいただきたい。

「与圧」に関係して、「psi」という圧力の単位が使われる。これは「ポンド・パー・スクエアインチ」のことで1平方インチ（約6・45平方センチ）に掛かっている空気圧のことである。ボーイング747型機の与圧は、通常、外気と客室内の差圧は8・66psi程度で、これは概略1平方メートル当たり6トン程度の力で客室の壁を外に押している状態である。日航123便の場合は近距離を繰り返し飛行するため飛行機の寿命を考えると、6・9psi以下に抑えることが望ましいとされている。

出発

1985年8月12日日航123便として就航した、JA8119号機、ボーイング747SR

墜落したＪＡ8119号機　©井上哲雄

－１００型機は、東京羽田空港の18番スポットで乗客を乗せた。

左側の機長席には、機長になるための訓練中の副操縦士佐々木祐が座り、教官機長高浜雅己が右側の副操縦士席に着いた。航空機関士福田博は副操縦士の後ろの定位置に着席していた。

「信太《しのだ》ＶＯＲ（超短波無線標識局）まで飛行を許可する、浦賀経由の第6出発経路を使用し、相良経由シーパーチ、その後は飛行計画のルート、高度2万4千フィート（約７３００メートル）を維持、トランスポンダー・コード（レーダー識別記号）２０７２」これが正式の飛行許可である。この許可を受けて、スポット18から、18時04分に移動を開始した。

羽田空港の18時の風は16ノット（秒速約８・２メートル）、滑走路15からの離陸では右からのかなり強い横風であった。離陸後、滑走路方向に飛行するよう指示された。

18時12分離陸。離陸時の重量は52万７３３３ポンド

（約240トン）、搭載燃料は3時間15分飛行可能な量であった。

離陸後、デパーチャー・コントロール（出発管制機関）によるレーダー誘導が開始され、1万3千フィート（約3900メートル）までの上昇が許可された。この高度制限はすぐに解除され2万4千フィート（約7300メートル）への上昇が承認された。デパーチャー・コントロールから東京管制部に管制が移管され、シーパーチへの直行が許可された。

羽田周辺の気象状態は、大島から伊豆半島にかけては、ところどころに積雲があり、当時このあたりを飛行していたパイロットの情報では、9千〜1万フィート（約3千メートル）付近でところどころに層積雲があったといわれている。おそらく事故機は、ときどき雲をかすめながら、高度2万4千フィートに向かって上昇したものと見られる。これは乗客が撮影した写真からも裏付けられている。積雲の近くを通過するときには揺れが予想されるため座席ベルトの着用サインを点灯させていた。それを裏付けるような会話がボイスレコーダーに録音されていた。

客室乗務員「……たいとおっしゃる方がいらっしゃるんですが、よろしいでしょうか？」

この会話は客室乗務員が操縦席に対して、座席ベルト着用のサインが点灯中に、どうしてもトイレに行きたいという乗客を、トイレに行かせてよいか了解を求めているものだろう。それに対して機長業務を行っている副操縦士が「気をつけて」と指示を出し、それを機関士が、インター

日航123便の高度変化

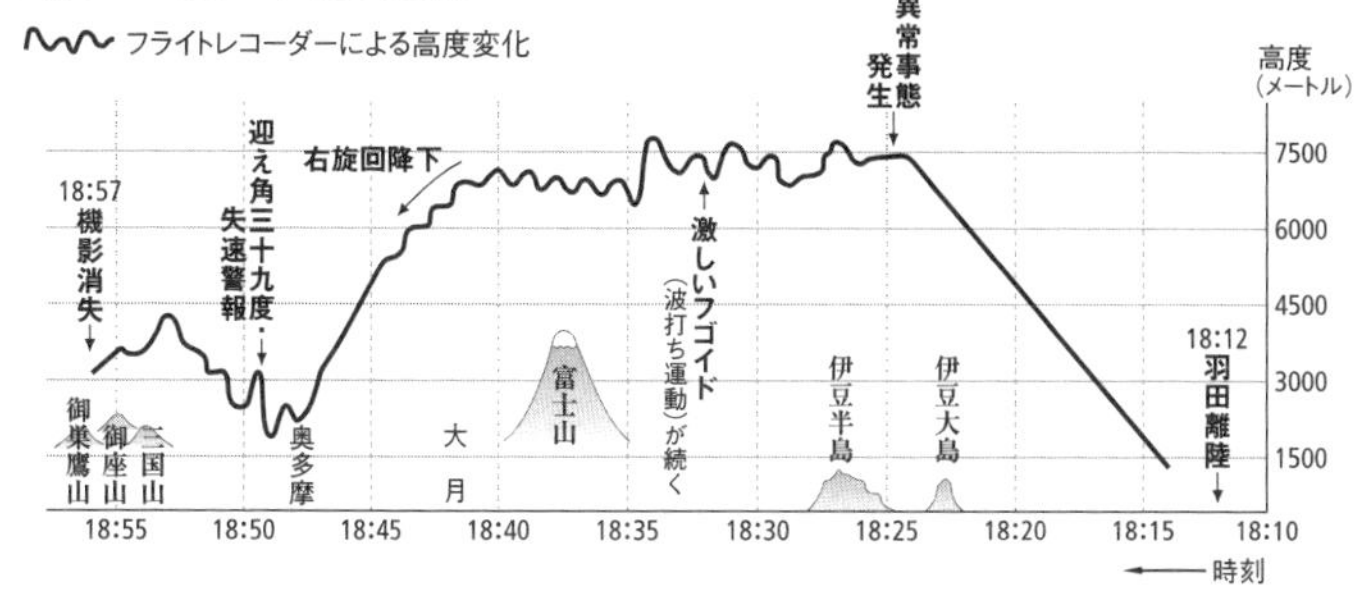

フライトレコーダーによる高度変化
高度（メートル）
7500
6000
4500
3000
1500
18:55
18:50
18:45
18:40
18:35
18:30
18:25
18:20
18:15
18:10
時刻
18:57 機影消失
迎え角三十九度・失速警報
右旋回降下
激しいフゴイド（波打ち運動）が続く
18:24:35 異常事態発生
18:12 羽田離陸
御巣鷹山
御座山
三国山
奥多摩
大月
富士山
伊豆半島
伊豆大島

日航123便の航跡図とボイスレコーダーの記録

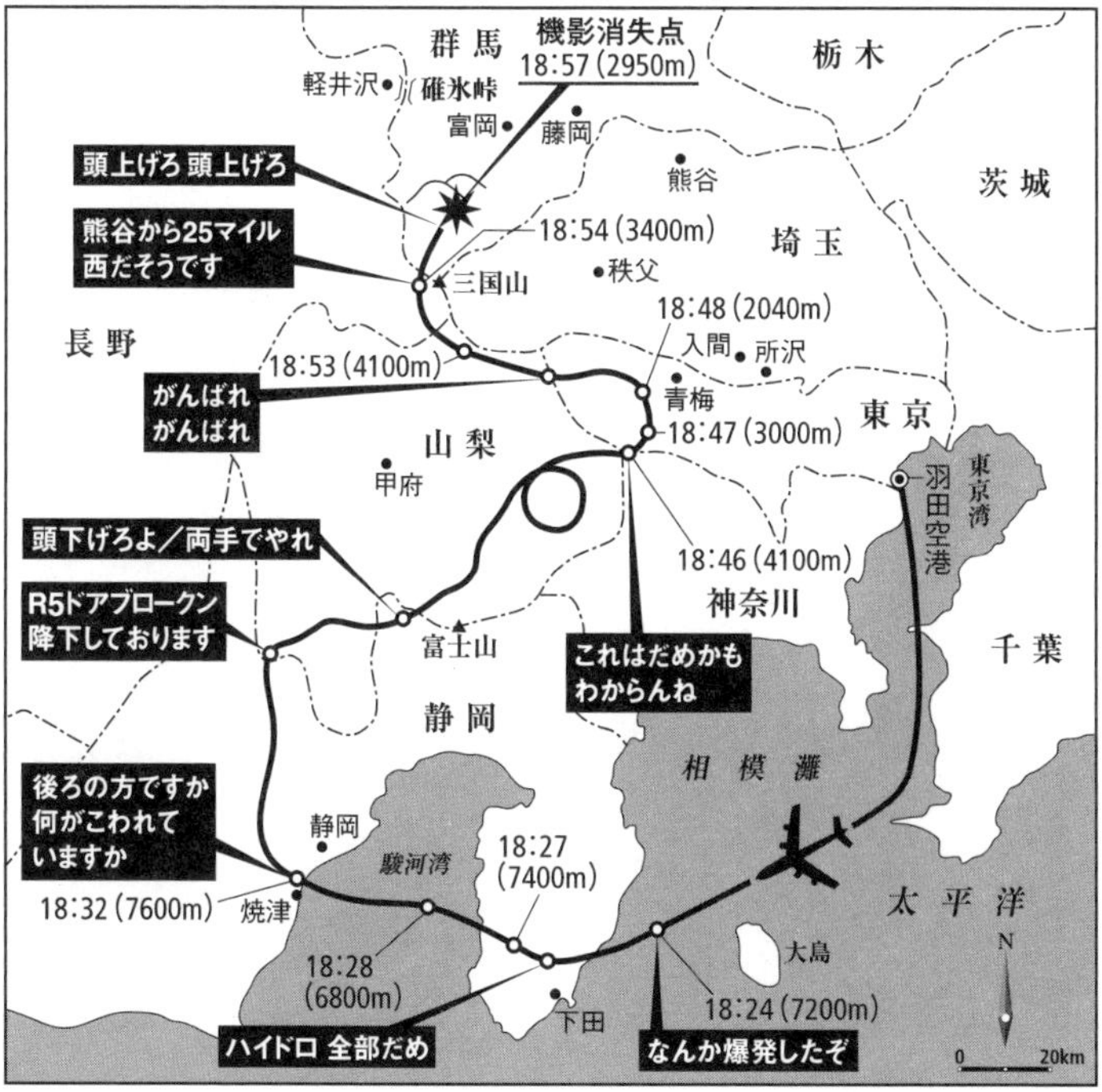

機影消失点
18:57（2950m）
群馬
栃木
茨城
埼玉
長野
山梨
東京
神奈川
静岡
千葉
軽井沢
碓氷峠
富岡
藤岡
熊谷
秩父
三国山
入間
所沢
青梅
甲府
富士山
羽田空港
東京湾
相模灘
駿河湾
静岡
焼津
下田
大島
太平洋
頭上げろ 頭上げろ
熊谷から25マイル西だそうです
18:54（3400m）
18:48（2040m）
18:53（4100m）
がんばれ がんばれ
18:47（3000m）
18:46（4100m）
頭下げろよ／両手でやれ
R5ドアブロークン降下しております
これはだめかもわからんね
後ろの方ですか何がこわれていますか
18:27（7400m）
18:32（7600m）
18:28（6800m）
18:24（7200m）
ハイドロ 全部だめ
なんか爆発したぞ
N
0
20km

フォンで、「じゃあ、気をつけてお願いします」と伝えている。

この会話の23秒後に「バーン」という音とともに異常が発生した。巡航高度2万4千フィートに到達する直前の18時24分35秒、伊豆稲取港の東約4キロメートル沖の上空であった。事故調査委員会は「ドーンというような音」としているが、音源近くにいた生存者は「バーン」という高めの音だったと述べている。これは胴体内をコックピットに伝わるまでに高音が減衰したためと考えられる。

異常発生

客席では「バーン」というような音が後部胴体上部から発生した。操縦席では「ドーン」と聞えるような音が発生し、続いて、「ビー・ビー・ビー」と3回ブザーが鳴っている。このブザーは客室の気圧が1万フィートの気圧以下に下がったか、あるいは警報システムの異常で離陸警報が作動したかのいずれかである。減圧警報であればわずか1秒間で減圧が止まったことを示している。

これに続いて、報告書には記載されていないが、「あぶない」というような声が聞かれ、機長が「なんか爆発したぞ」、続いて「スコーク・セブン・セブン」と緊急事態を意味する信号の発信を指示している。

異常発生後すぐに、この信号を発することは珍しい。通常、もう少し状態を点検した後で、この信号を発信することが多いのである。したがって、一瞬のうちにきわめて危険な事態であることを、パイロットが感じたことは間違いない。

これと重なるように、副操縦士と見られる声が「ギア・ドア」と発言する。車輪を格納するドアに異常があったことを指摘しているのである。操縦席の正面にある計器盤にはエンジン関係の計器が並んでいる。その中央パネル右側に、車輪を上げ下げするレバーがある。そのレバーの上に表示灯が3個あり、そのうちの1個が、車輪の収納庫の扉が開いているときに点灯する「ギア・ドア・ライト」である。これが点灯したのを見た機長席の副操縦士が、「ギア・ドア」と叫んだのだろう。普通はこれ以外に動機は考えられないが、実は収納された車輪が何らかのショックで下方向に動いた場合、ギア・ドア・ライトは点灯する。つまり異常発生時にG（重力）が加わって、中の車輪の位置が収納位置からずれた可能性もあるということだ。

機長がこれに続いて、「ギア見て、ギア」と車輪の状態の確認を機関士に指示している。突然起きた異常事態に車輪が関係していると考えたのだろう。二人のパイロットからの車輪の状態確認指示に対して、機関士は「えっ」と聞き返すが、これに再び「ギア見て、ギア」と重ねて指示している。

機関士は、18時25分04秒に「ギア、ファイブ・オフ」と5本の車輪の表示ライトすべてオフ（消灯）し、正常な状態に戻ったことを機長に報告している。

これによって、「ドーン」という異常音の発生時に車輪周辺に異常が発生した可能性がさらに高くなる。

フライトレコーダーの記録によると、異常発生直後から約30秒間、方向舵を動かすペダルが、右方向にほぼ一杯に振り切っていて、垂直尾翼での異常発生を示している。

乗員はトランスポンダーで地上のレーダーに緊急信号を送り、「高度2万2千フィートに降下し、羽田に引き返したい」と管制官に要求した。これを受け東京管制部の管制官は、事故機の要求を承認し、まず、大島へのレーダー誘導のために右旋回で機首を東に向けるように指示した。

下田のやや北を通過して、45度ほど右に旋回し、18時26分頃、伊豆半島のほぼ真上を通過している。その時、機体は右に40度傾いており、それに対してパイロットは修正のために左に操縦桿をほぼ一杯に操作している。この傾きに対して、機長は「バンク（旋回するときの傾斜）そんなにとるな」と注意している。26分15秒、機首が下がっているため、機長は「プル・アップ（機首を引き上げろ）」とアドバイス。一時的にエンジン推力を増し機首上げに成功するが、同時に高度も上昇率毎分5千フィート（約1500メートル）で急上昇する。そのため機長は降下を指示、パイロットはエンジン推力を下げるが、高度は下がらないまま速度だけが低下する。27分には260ノット（時速約480キロメートル）まで速度が下がったが、高度は約2万5千フィートに上昇。速度が低下したため、機首が下がって降下が始まり毎分6千フィート（約1800メートル）程度の降下率で降下している。まるでジェットコースターのような状態であった。伊豆半島西岸で、ほぼ西に機首を向け、駿河湾上空に出ている。

18時31分ごろ、焼津上空を通過し、機首方位をほぼ北に向け、井川ダムの東を通過して富士山の北側、富士吉田市上空に向かっている。そこから機首を北北東に向け、今度は大月方面に向かう。18時41分ころ大月に達している。

焼津付近を通過したころから次第にダッチロール（機首の横揺れと左右の傾き）が激しくなり、約12秒の周期で、右に60度傾き、次いで左に50度も傾いている。フゴイド運動（機首の周期的な上下運動、これに伴い上昇・降下を繰り返し、速度も周期的に大きく変化する）も生じ、細かく機首を上下させながら、およそ1分の周期で機首上げと機首下げをうねりのように繰り返している。その上げの角度は15度から20度まで、下げ角度も10度から15度に達していた。

その結果、速度は210ノットから310ノット（時速約390から570キロメートル）まで増減し、高度も2万1千から2万5千フィート（約6300〜7500メートル）の間を上下している。つまり毎分8千フィートから1万フィートの上昇・降下を繰り返したことになる。これは極めて激しい乱高下で、仮に隔壁に大きな穴が開き、客室や操縦室の気圧が外気圧に等しければ、乗員・乗客は激しい耳の痛みを感じていたことは確実である。しかし操縦席ではそうした会話はなく、客室内の生存者からも証言は残されていない。

このようなフゴイドとダッチロールを旅客機のパイロットが経験することなど皆無である。まして、機首上げ20度から機首下げ15度への姿勢の変化など、乗客にとってはまっさかさまに落下する感じだったことだろう。ダッチロールも60度の傾きは慣れない人にはほとんど垂直に感じられる。パイロットが意図するようには上昇も降下も旋回もできず、結局、大島へ向かうこともできなかった。コックピットの3人は知るよしもなかったが、このときジャンボ機は垂直尾翼が破壊されその原型をとどめていなかった。同時にオイルが通るパイプが破断して油圧がゼロになり機体は完全にコントロール不能に陥っていたのである。

焼津上空を通過する前の29分頃から約8分間、パイロットたちは速度・高度の変化に対応して、細かくエンジン推力の操作を行っている。フライトレコーダーにはその様子が細大もらさず記録されている。その間、機首の上下をエンジン推力で抑制するコツを摑んだのか、38分以降はエンジンの操作がスムーズになり高度・機首の上下の振幅が小さくなっている。エンジンの推力操作も、2分単位でなされ、細かい操作は少なくなる。機体はやや安定し始めたかに見えた。これは事故調査報告書でも認められている。

18時39分30秒、車輪を降ろす

機首の上下を操作できない状態では降下することすら難しい。降下しようと思ってエンジン推力を絞ると、機首が下がり降下を始めるが、降下に伴って速度は増加する。坂道を下る自動車のスピードが増すのと同じことだ。フライトレコーダーの記録では1分足らずで２３０ノットから３００ノット（時速約４２６キロメートルから約５５６キロメートル）近くまで加速している。飛行機はスピードが増すと、機首が上がる。１２３便もここで上昇に転じている。上昇すると今度は速度が低下する。機首下げの姿勢で降下し始める。その結果、元の高度近くに戻ってしまう。このフゴイド運動を異常発生以降10回も繰り返している。これは紙飛行機をいくら速い速度で空中に投げ出しても、速すぎると機首が上がりすぎて失速し、後ろへ戻るように高度を下げ、再び頭を下げ速度が増加すると、また機首が上がるという波型の飛行を繰り返すのと似ている。

フゴイドを克服する過程で、パイロットたちはエンジンだけでこの上下運動を抑える要領を摑んだと見られるが、事故調査委員会はこの間、パイロットが低酸素症に陥っていたと推測している。しかし、この後もフゴイドをエンジンの操作だけで抑制しているところから見て、低酸素症であったことは否定される。酸欠でぼんやりした頭で出来る操作ではない。

フゴイドによる上昇降下の繰り返しから抜け出すには、何らかの方法で空気抵抗を増す必要があった。燃料を翼の外側のタンクに移動したり、逆に内側のタンクに移動して、機体の重心位置を動かすなどして、何とか機体の姿勢を変化させなければ、降下はできない。

車輪を出すこともその一つの方法である。ボイスレコーダーには「ギア、ダウン」の声は記録されていないが、18時39分30秒頃、ギア・レバーが車輪を出す方向に操作されたと見られる。油圧が無いためギア・レバーが下げられるとすぐに、機体は地上モードに変わっている。そして普通なら油圧で下ろされる車輪も肝心の油圧が無いため、自分の重さ、つまり重力で出されている。約1分後の40分22秒に、車輪が所定の位置に下りたことをしめす緑のライトが点灯し、機関士が「ギア・ダウンしました」と報告している。

しかし、抵抗を増した後、低下した速度はより大きな推力を出さないと回復せず、そうすると左右のエンジン推力に大きな差が生じてダッチロールに陥りやすくなる。そうなった場合、油圧がないこの飛行機では、いったん車輪を下ろすと二度と上げることが出来なくなる。大きな賭けだったが、フゴイドから逃れる手段として、やむを得ずとられた対処法だった。

車輪が下ろされると、空気抵抗が増加し、急激に速度が下がり始めた。40分過ぎには速度は200ノット以下に低下する。そこで失速をさけるためエンジン推力が大幅に増加され、42分40秒付近までその推力は持続される。だが、期待したほど速度は増加せず、約220ノットに回復維持したにすぎない。42分頃から高度を下げ始めると右に緩やかな旋回が行われる。大月南部を中心に「おむすび型」のような軌跡を描いて一回りし、横田基地の方向に飛行するが、横田の10海里（約19キロメートル）ほど西を旋回して、7千フィート（約2100メートル）まで降下し、48分頃、北西に進路を向けて三国山のほうへ飛行する。

この42分から48分までの間は最も安定した飛行状態を示している。ゆとりの生じた46分33秒、機長が「これはだめかもわからんね」という言葉を残している。これまで経験したことのない「操縦系統すべて不作動」という、現代の航空機では全く予測されていない事態からの生還が、もはや困難であると冷静に判断したのだろう。

山に接近

高度7千フィートまで降下すると、今度は山が近くに迫って見えるために、強い緊張感をパイロットにもたらす。横田基地から三国山付近にはかなり高い山が連なっている。雲取山は6600フィート（約2012メートル）以上、大菩薩嶺6800フィート（約2073メートル）近く、甲武信ヶ岳は8120フィート（約2475メートル）、八ヶ岳は9500フィート（約2896メートル）以上の高さがある。

そのために「おい山だぞ」「ライトターン」「山にぶつかるぞ」「マックパワー（エンジン最大推力）」「がんばれー」など緊迫した声が目立ってくる。高度を下げるために、すでに車輪やフラップを出しているので空気抵抗が大きく、エンジン推力もしばしば最大まで使用されている。それでも時々「ストール（失速）するぞ」という大きな声も発せられる。

大きな推力を出した4基のエンジンにアンバランスが生じると激しいダッチロール、あるいは意思に反した旋回が始まる。123便も、ここに至って、そうした状態に陥ってしまった。

一度、7千フィート付近に降下した事故機は、再び上昇し、1万3千フィート付近まで上昇する。速度も失速速度付近の105ノットから、290ノット（時速約190〜540キロメートル）まで激しく変動し、エンジン推力も大きく変動している。墜落時には速度263・7ノット（時速約490キロメートル）、翼端やエンジンを木の枝や山に接触させ、水平尾翼は手前の山に接触したときに脱落し、墜落地点から500メートルも離れた所まで飛散した。

墜落地点手前の尾根に接触するころ、コックピット内では絶望的な声が上がった。

機体はすべてのエンジンと尾翼を失い、フライトレコーダーに記録されている激突直前の姿勢は、機首下げ42・2度の傾き、右に131・5度、記録されている速度は263・7ノット。ほぼ裏返し状態で、尾根に激突した。18時56分28秒、ボイスレコーダーの記録は途絶えている。死者は、乗客乗員520名であった。

急減圧はあったのか

国土交通省航空・鉄道事故調査委員会。我々関係者は、「事故調」といっているが、正式名称はかなり仰々しいものである。

国土交通大臣直轄の常設機関で、1974年1月に発足して今年で30年ほど。比較的歴史は浅いといえる。

年間予算は当時で約4千万円。雀の涙である。

日航123便事故を担当した委員会のメンバーは、次の通りである。

委員長　八田桂三　東京大学名誉教授
委員　榎本善臣　元運輸省航空局審議官
委員　糸永吉運　元日本アジア航空顧問
委員　小一原正　元運輸省航空局参事官
委員　幸尾治朗　東海大学教授

1985年10月9日以降は、新メンバーに入れ替わる。

委員長　武田　峻　元航空宇宙技術研究所所長

委員　榎本善臣　（留任）
委員　西村　淳　日本空港動力㈱取締役
委員　幸尾治朗　（留任）
委員　東　　昭　東京大学教授

先のチームは、1985年9月14日の「第2回中間報告」まで行い、以後1987年6月19日の「最終報告」までは武田峻率いる後のチームが行った。

事故調査は、国土交通省の事故調査委員会だけが行いうる。

そして、事故調査の基になる資料は、すべて事故調査委員会と警察が握っていて、我々航空関係者にも公開されず秘密扱いにされる部分がほとんどである。挙句の果てには、情報公開法の施行が近いという理由で、焼却処分されてしまうのが現実である。

これでは日本の航空の安全性は向上しない。航空界におけるこのような現実は、日本の社会全体に蔓延する病理と同根であろう。医療事故、原発事故でも同様のことが起こってはいないか。日ごろの経験を生かして事故原因に迫ろうとしても、基になるデータが私たちの手にはない。したがって、事故調査委員会の報告書に対し疑問をぶつけることによってしか、真実に迫ることができないのである。

事故原因についての公式な見解は、事故から2年近くの月日が経過した1987年6月19日、事故調査委員会から発表された。事故調査報告書は2冊に分かれた550ページの大部なもので、おそらくこの報告書を初めから終わりまですらすらと読み理解できる人は、ほとんどいないだろう。

これだけの量になると私自身、短時間で読むのは困難だった。そのため、公表される3日前に運輸省（当時）10階の会議室で、報道陣向けの事前説明会が開かれた。発表の前日からマスコミ関係者に、この報告書に対する意見をたびたび求められたが、とてもすべてに即答は出来ず、報告書の骨子を解説し、その問題点だけを簡単に説明した。

報告書の筋書きは、こうである。事故機は数年前に着陸の際、「尻もち事故」を起こしていた。後部圧力隔壁の半分が損傷を受け、アメリカのボーイング社が修理にあたった。しかし、この折の隔壁修理にミスがあった。これはボーイング社も認めていた。そして間違った方法で継ぎ合わされた金属板に打たれたリベット付近に疲労亀裂が飛び飛びにあった。垂直尾翼が空中で破壊されている。こうした状況証拠を無理やり「急減圧」でつないだストーリーが報告書である。ところが「急減圧」があった事実が見当たらない。これが報告書の骨子と問題点である。

事故原因の最大のポイントは、急減圧の有無にある。事故調査委員会の報告書が示している急減圧は、すさまじい規模におよぶものだ。初期には毎分30万フィートの急激な減圧で、平均しても毎分28万フィート程度の減圧があったとされている。しかしこれは机上の計算による数字合わせ、いわば空想の産物だ。垂直尾翼を内側から空気の圧力でパンクさせるにはどれくらいの圧力が必要かを実験的にもとめ、その気圧まで短時間で上昇させるには、この程度の急減圧があったはずだという計算上のデータなのだ。実際に急減圧があったかどうかは全く明らかにされてなどいない。真実とは何の関係もない数字に過ぎない。

事故調の報告書は、この点に最大の力点を置いている。にもかかわらず、急減圧を示す証拠も科学的な証明もなされていない。生存者は誰一人、事故調の結論を裏付けるような証言をしていない。急減圧に伴って必ず発生する現象は、生き残った4人の口からは何ひとつ得られていないのだ。

減圧とは文字通り気圧が低下することだが、そうなるとどういう現象が起こるのだろうか。ジャンボ機の胴体にはおよそ1300立方メートルの空気が入っている。

機体の中の気圧は事故機のように、高度2万4千フィートを飛行中でも、操縦室、客室、貨物室は外気を吸い込んで圧力を高めているポンプの動きで、ほぼ地上と同じ圧力、つまり約1気圧に保たれている。

この気圧が減圧する場合の原因にはどんなことが考えられるのか。一つには与圧用のポンプが壊れたとき、あるいは気圧を調整する機構に異常が発生した場合、そして胴体に穴が開いた場合の3つのケースが考えられる。123便の場合、報告書によれば、隔壁に約2平方メートルほどの穴が開いたことになっている。

2万4千フィートの高度では、気圧は地上の40パーセントしかないために、胴体に穴が開くと、外気圧と等しくなるまで空気は外に激しく流出する。圧力が40パーセントになるということは、体積は圧力に反比例する（「ボイルの法則」）ために、機内の1300立方メートルの空気は、3

250立方メートルに膨張することになる。つまり2倍以上に膨らむわけである。そのために、機体に開いた穴（この場合、圧力隔壁に開いた穴）から、膨らんだ空気が一気に流出する。2倍以上に膨らんだ空気が機外に吹き出すために、当然、機内にはすさまじい強風が吹き抜ける。

日航123便の機内からは約5秒間で約2千立方メートルの空気が機外に吐き出されたことになる。2千立方メートルの空気が2平方メートルの穴から5秒間で吹き出したとすれば、いったいどれぐらいの速度が必要となるだろうか。穴の形とか、空気の圧縮性とかを考えると複雑な計算になるが、単純に考えて2平方メートルの穴から2千立方メートルの体積の空気を流すと長さは1千メートルになる。1千メートルのものが5秒で通過すると、秒速200メートルになる。地上で風速が毎秒20メートルの風といえば、とても傘などさしては歩けない。その10倍である。

ベルトを着用していない乗客は、次々に隔壁の穴から機外へ吸い出されていったはずである。固定されていない荷物も同様である。さらに空気が隔壁の穴を通過するときには、ものすごい騒音が発生したはずだが、4人の生存者は誰も「強風」や「騒音」など感じなかった。

飛行機の胴体に穴が開いて減圧が起こると、その機内の気体はあらゆる場所で一様に膨張する。操縦席にある空気も、床下の貨物室にある空気も、天井裏にある空気も同じように2倍以上に膨張する。そして膨張した空気は風となって機外に流れ出す。

この膨張する力は大きく、床下の貨物室の空気が上手く抜けないと、客室の床が抜けたりする。

2005年現在、当時の事故調査委員長、武田峻はこう強弁する。「急減圧はあった。だが、それは客室ではなくて天井裏で起きていた」。とても科学を業とする者の発言とは思えない。繰り返すが、天井裏だけに急減圧が起こるということはありえない。客室で急減圧がなければ胴体全体で急減圧はなかったと考えるのが科学的思考のイロハである。

減圧が人間に与える影響

急減圧があった場合、人体はどのような反応を起こすのだろうか。人間の肺の中にある空気もふくらみ口から吐き出される。過去に起こった典型的な例に、1988年4月28日ハワイのマウイ島で発生した、ボーイング737型機の胴体破損事故がある。日航123便と同じ高度の2万4千フィートに到達したとき、胴体前方の天井部分が引き裂かれ、飛ばされてなくなった。その結果、激しい急減圧に見まわれたのである。機長は「肺から空気が激しく吸いだされた」とインタビューに答えている。人の肺の中の空気も膨張するのである。日航123便事故の少し前、1985年6月23日にアイルランド沖で発生したインド航空機ボーイング747がテロリストのしかけた爆弾により空中分解して墜落した。この事故に関連して行われた減圧実験でも、8千フィートから2万5千フィートの気圧までの急減圧で、肺から空気が噴出したと被験者は話している。

耳の中の空気も膨張し、耳に詰まった感じを与える。鼓膜にダメージを与え、耳が聞えなくなることも珍しくない。虫歯で歯の中にガスが溜まっていると、それが膨らみ激痛をもたらすこともある。おなかの中に溜まっているガスも体積を増し膨満感を与え、時には体外に排出される。つまり「おなら」として排出されるのである。そのために「減圧室はエチケットの適用はありません」などと冗談に言われることがある。

気圧が低下すると液体中に溶けていたガスが気泡となって排出される。血液中には窒素も溶けているために、それが気泡となって血管や周囲の組織を圧迫し、痛みを覚えることがある。この症状を減圧症と呼んでいる。気圧の急激な低下が人体に及ぼす影響は、このようなものである。


1974年3月3日、トルコ航空ダグラスDC－10型機の床下貨物室にある後部ドアが、高度1万2千フィート付近で開いてしまい、貨物室に急減圧が発生、客室と貨物室の差圧のために客席の床が抜け落ち、6名の乗客が貨物室のドアから機外へ吸い出され、パリ郊外の畑でドアと共に発見された。

貨物ドアが開いた直後、客室の気圧が低下したことを警告する減圧警報が作動したが、飛行機はすぐに1万フィート以下に降下したため警報音は停止した。

減圧発生時には、操縦席の中で何か（おそらくパイロットが使っていた航空路マニュアル）が舞い上がり、操縦室の壁に激突するような音がボイスレコーダーに記録されていた。

悪いことに昇降舵（機首を上下させる）や方向舵（機首を左右に操作する）を動かす操縦索が床下を通っていたために、客室の床が抜けたときこれらのケーブルに異常が発生した。そのために機体は頭を下げたまま降下を続けた。エンジンを絞っても速度は増して、途中からコックピットでは速度超過の警報が鳴り始め、430ノット（時速約800キロメートル）で地面に激突した。

事故現場は日航１２３便の御巣鷹山と同じく、衝撃でばらばらになった多くの人体が、部分遺体となって発見された。当時最も悲惨だった事故として知られている。

このトルコ航空事故のように、減圧は機内の全体に及ぶものであり、「客室だけ減圧の兆候が見られない」ということはありえない。また、操縦室だけ減圧がないということもありえない。２００５年８月14日午後０時20分、キプロスからギリシアのアテネへ向かっていたヘリオス航空ボーイング７３７（乗客１１５名、乗員６名）がアテネ北方約40キロメートルのカラモス山中に墜落した。原因は急減圧と見られるが、事故機のパイロットは意識を失って倒れていたことが、接近して飛行したギリシア空軍機のパイロットによって報告されている。これなど急減圧による墜落事故の典型的な例である。機体の外壁と違い機内の仕切りや天井は、あまり丈夫には出来ていない。客室の天井は乱気流で人が頭をぶつけると穴が開く。その程度の強度しかない。客室だけ圧力が高まれば、天井が上に押し上げられ、床も抜け落ちるはずである。

気体は熱を加えてエネルギーを与えると、膨張する。逆に熱を与えないで機械的に膨張させると、温度が低下する。これを「断熱膨張」と呼んでいる。

飛行機の胴体に穴が開いて発生する減圧は、この「熱の加えられない」断熱膨張である。そのため必ず気温は低下する。事故調査委員会の計算では65度気温が低下したはずだと試算されている。

お盆のさなか、誰もが夏服を着ている時季に、数秒間で65度も気温が下がり、氷点下40度まで室温は低下したと報告書には書かれている。このような温度低下は急減圧では必ず起こる現象であるが、生存者は誰も寒いと感じていなかったのである。

事故調査委員会が想定したような急減圧が発生すれば、それに伴って「大きな騒音」「突風」「気温の低下」は物理的に必ず発生する。繰り返すが、4人の生存者たちは、誰一人、そのような証言はしていない。

生存者の一人、落合さんは、当時現役の客室乗務員であり、緊急時の訓練も受けていた。彼女はジャーナリズムの取材に対し、客室内に「空気の流れ」がなかったこと、「空気の流れる騒音」もなかったことを明らかにしている。また事故調は、気温の低下という肝心な点については生存者に質問さえ行っていない。私が直接、落合さんに訊いたところでは、「バーンの直後には別に気にならなかったが、墜落してから空気がつめたく感じた」と答えてくれた。

重要なことは、事故調査委員会の筋書きでは、毎分30万フィートという急減圧がなければ、垂直尾翼は壊れないという点にある。緩やかな減圧では、この筋書きは崩壊する。

なんとしても毎分30万フィート程度の急減圧と、5秒間で外気と等しい圧力になっていなければこの筋書きは成り立たない。

もともと緩やかな減圧があったことについては関係者の中でも異論はない。日本航空の乗員組合の代表も聴聞会で、急激な減圧はなかったと否定しているものの、緩やかな減圧の存在は認めている。機長会（現機長組合）の代表も急減圧は否定したが、緩やかな減圧については否定していない。

高度7300メートルでも苦痛なし？

事故調査委員会は、「防衛庁での実験の結果から、毎分約30万フィートとそれに続く18分間の2万フィート以上の、気圧の状態は、人間に直ちに嫌悪感や苦痛を与えない」と報告書に記載している。これは、世界中の航空関係者の常識をくつがえす全く新しい見解といえるものだ。たとえば、我が国の防衛庁の教科書では、2万フィート以上の気圧の状態は危険域として扱っており、事実「意識喪失、ショックなど生命に危険が生じる」との注意書きが見られる。すでに述べたヘリオス航空機に見るように、パイロットは意識を失い、間もなく死亡する。さらに2万フィート付近でも、安静にしていても5分から10分で動作や判断力に影響が出はじめると教育しているのも周知の事実である。ところがこの実験を行った防衛庁の医官は、テレビ局の取材に対して、「報告書のとおりです」と答え、防衛庁の教科書が間違っているかのような回答をしている。だが、その教科書は、その後もちろん改訂されてなどいない。

この事故に関連して、減圧実験が7〜8回行われている。その中で、防衛庁がビデオに残し、事故調査委員が見た実験だけが特異な結果を残している。日本航空でも独自に2回行ったといわれるが、そのデータは全く公開されていない。

確かにこれまで何回か行われた減圧実験の中でも、低酸素症に陥り正常な作業が出来なくなるまでの時間には、個人差が認められる。しかし、おおむねいろいろな航空医学書に書かれているように、1952年にアームストロング氏が作成発表した有効意識時間のグラフから大きくは逸脱していない。2万4千フィート（約7300メートル）付近では普通の人間なら数分程度しか作業は出来ない。個人差があるとはいっても18分間の操縦など、とても無理である。

520名の命が失われた事故の調査が、このような常識を逸脱した報告書で済まされていると、一般国民のどれほどが知っているだろうか。

「急減圧」は報告書の要である。だが、まさにその「急減圧」という状況下では、スーパーマンでもない限り、ジャンボのようなジェット機をエンジン出力操作だけで飛ばし続けられるわけがない。これは詭弁を弄した者が陥る自家撞着で、だからこそ医学の常識に真向から対立するような事故調流強弁となりはてる。もしも公開の場で、減圧実験を行えば、その結果は火を見るより明らかだ。報告書は紙くず同然となってしまう。

ミサイルが衝突？

それでは垂直尾翼は何故破壊されたのだろうか。隔壁に疲労亀裂の痕跡があったとしても、急減圧が確認されない以上、客室の空気が垂直尾翼をパンクさせたのではない。

垂直尾翼を破壊したエネルギーは何だったのか。物を壊すには、外部からの力によるものと、構造的な欠陥や材料の欠陥、あるいはそのもの自体の振動による破壊などが考えられる。

外部の力による破壊として、他の航空機との接触、衝突などが考えられる。事故当時、ミサイルとの衝突説も広く信じられた。防衛庁による墜落地点の公表が遅れたため、ミサイル説には余計疑念が高まったのである。

このほか、「隕石」と衝突したのではないかという不可抗力説までがささやかれた。

垂直尾翼の構造的欠陥については、事故調査委員会の、「そんなもの必要ない」という声に押されて、相模湾から破片が回収されなかったため調査は不可能だった。しかし、事故直後には、わが国の航空局も、垂直尾翼自体に疑いの目を向け、3日後の8月15日、ボーイング747型機のグループ全機に対して、垂直尾翼付近の一斉点検を指示している。

この指示を受けて、8月23日までに点検を済ませた41機のうち、23機の機体から合計35箇所の問題点が発見された。このような点検は外国航空会社でも行われ、43機から上部方向舵（ジャンボ機には上下2枚の方向舵がある）を動かす油圧ピストンの取り付け部分に亀裂が発見されている。この部分が破壊されると方向舵が飛散する危険性が高い。

これまでにも、方向舵の一部が飛散して起きた事故はあった。ボーイング707の改造型機で垂直尾翼の上半分が飛散したことがある。壊れた垂直尾翼が右の水平尾翼に当たり損傷した。

1989年4月12日、シドニーに着陸したコンコルドの方向舵の上半分が飛散して欠落していた。その他にもボーイングB－52の垂直尾翼が倒壊した例もある。

これらの垂直尾翼や方向舵の破壊は、尾翼・方向舵それ自体の異常によって起きているのである。1966年3月5日、富士山麓に墜落したBOAC（英国海外航空）のボーイング707も、ペイントの付着状況から、垂直尾翼が倒壊していたことが報告されている。隔壁破壊による急減圧で破壊されたものよりもその例は多い。

異常の始まり

方向舵の回収された部分だけでも、疑問は残されている。ボーイング７４７型機の垂直尾翼には上下2枚の方向舵がついている。日航１２３便の二つの方向舵が接している下側の方向舵の面に、上の方向舵の下端に付いているゴムのシールが、押し付けられて出来たような黒い筋が何本か付いているのである。

ジャンボ機の垂直尾翼

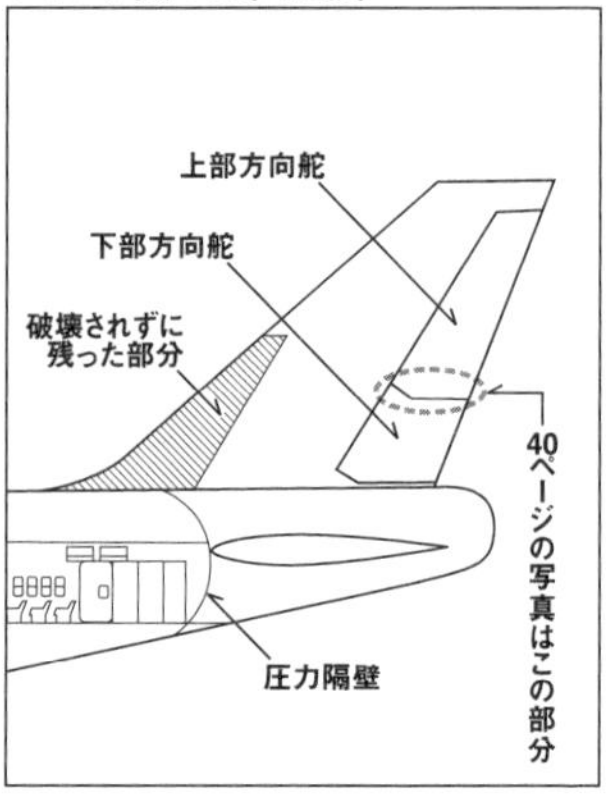

日本航空の会社側からも、この筋が付いた原因について調査するように事故調に申し入れがあった。しかし、事故調側は「方向舵の残骸は回収されたものが少なく、この痕跡の発生の経緯を明らかにすることは出来なかった」と調査を放棄している。

しかし、この黒い筋は、明らかに上と下の方向舵が別々の動きをしながら破壊していったことを示しているものなのだ。

さらにボイスレコーダーの解読結果の中に、8~16ヘルツ（1秒間に8~16回の、音としては聞こえない振動）の周波数変動が記録されている。これは音を記録するボイスレコーダー本体に機械的な振動が記録されたものと考えられる。つまり機体に何か振動が発生していたことを推定させる。この8ヘルツ付近の振動は、異常発生時の音とされている「ドーン」という音よりも、約4分の1秒前から始まっていて、この振動が異常の始まりとも見られる。

事故調査委員会は、この振動について、次のように述べている。

「左最後部ドアの天井付近に取り付けられているボイスレコーダーの本体に、このような大きな周波数変動が記録されたのは、ボイスレコーダー本体の設置場所の近くで防振装置によって吸収できないほどの著しい振動や激しい空気流が発生したことによるものと推定される」

これは事故調の自己矛盾である。ボイスレコーダーの設置場所は客室内部なのだ。武田は客室には急減圧が起こらず、風も吹かなかったと述べている。それなのに「激しい空気流が発生したことによる」振動だというのである。

ボイスレコーダーの振動だけでなく、飛行機の動きを記録しているフライトレコーダーも横方向の加速度（2秒半の間に5回、左右に揺らすような力）が加わったことを記録している。つまり横方向に機体が動かされようとしたわけである。この力はどこから生じたのだろうか？

この力は方向舵が左右に振動したために生じた可能性が考えられる。では何故、左右に振動したのか、垂直尾翼の残骸を回収していないため、ここからはどうしても推定の範囲を出ない。

「フラッター現象」の可能性

ボイスレコーダーの周波数変動は機体の大きな振動か、激しい空気の流れによるものと事故調は推定したが、空気の流れはなかったことは生存者の言葉から明らかにされている。したがって

フラッター現象によって下部方向舵についた圧着痕

機械的な振動の可能性が高くなる。

ボイスレコーダー本体の設置されている場所は、生存者の落合さんの座席から、約4メートルしか離れていない客室の荷物入れの上で、背伸びをすれば手が届く高さにある。落合さんは、客室では空気は留まっている感じで、風は吹かなかったと証言しており、数メートル離れたところで、事故調が述べるボイスレコーダーを揺らすほどの「激しい空気流」などあるはずが無い。

したがってこの低い周波数の振動は、機体尾部の振動以外は考えられない。尾部が16ヘルツ以下の周波数で振動するのは、方向舵などのフラッターと呼ばれる現象が考えられる。この付近での振動は、いずれにしても空力的（高速で飛行するために生じる力）なものが関係している可能性が高い。ジャンボ機の方向舵のフラッター振動数は、ボーイング社から12〜13ヘルツと公表されている。

フラッター現象というのは、方向舵が、風の強い日に旗やのぼりなどがパタパタとはためく状態と同じようになる現象で、過去にはこのために墜落した飛行機が少なくない。翼が破壊される原因としては、かなりの件数を占めていたものである。最近では設計段階でのテストなどにより発生は少なくなった。しかし、方向舵を動かすための油圧シリンダーを支えている部分にひびが入る例があって、油圧の支えがなくなり、破損した部分が方向舵の表面に変形を与えると、気流の乱れを生じてフラッターが発生する可能性も考えられる。

ジャンボのような大型機になると1秒間に12回も機体の飛行方向を動かすには重すぎ、方向舵のヒンジ（蝶つがい）のほうが破壊されると見られる。

前述したように、事故機には上下2枚の方向舵があるが、下の方向舵が上の方向舵と接している面に、右の写真のような黒ずんだ圧着痕がついていた。方向舵は短い時間で破壊されたと見られるが、その間に多くの圧着痕がつくことは、上下の方向舵の位置が激しく変化したことを示している。そうした変化は、フラッター現象により方向舵が激しく振動したと考えると説明がつく。巨大な方向舵を300ノットの気流の中で、短時間に左右に振るのは油圧では困難である。空力的な振動以外には考えにくい。

この圧着痕は、上下の方向舵の間に角度のズレが発生し、しかも上下の方向舵が押し合ったために生れた痕だろう。さらに下の方向舵の上面に凹みが出来ている。これも上下の方向舵が押し合ったことを示していて、通常の位置関係でなくどちらかの垂直尾翼への取り付け軸にもズレが生じていたとしか考えられない。特に上の方向舵の取り付け部分が崩壊し、方向舵に振動が発生し（フラッター現象）、上の方向舵が垂直尾翼本体とつながっている6個の蝶つがいが上の方から破断したと推測される。本体から離れた方向舵の上端が飛行中の気流に押されて後方に引っ張られながら、後ろに倒れるように飛散する過程で、下の方向舵の上面に圧着痕を残したとの推定も成り立つ。

機体の最後部は上から下に押さえられたように尾部が曲がっており、補助動力装置も、下方に押し出された可能性がある。この点からも、上から下に押し付けられたと考えると説明がつく。

急減圧がなかった以上、前縁の3分の1が上の方向舵によって引き倒された可能性が高い。

このような過程で上の方向舵の油圧装置（パワーユニット）が破損した場合、上の方向舵のヒンジが部分的に破壊され、300ノット（時速約560キロメートル）の風にあおられて、垂直尾翼の上部に大きな抵抗が加わるために、機首が持ち上げられた。こう考えれば、フライトレコーダーの記録（機首上げ）にも合理的な説明が可能になる。さらに垂直尾翼は方向舵によって後方に引っ張られたために、垂直尾翼の前縁部分の先端部から上側3分の1は海上で飛散したが（この大部分は海から回収されていない）、のこりの前縁部分は墜落現場まで機体に付いていた。

垂直尾翼の破壊過程についてはもう一つの疑問がある。なぜ垂直尾翼の上3分の1付近から直線的に折れて飛散し、海上から回収されたかということである。

相模湾で発見された垂直尾翼の前縁は、上から3分の1程度だけであり、それ以外の部分は御巣鷹山で発見されている。なぜ上部3分の1だけが破壊されたのか、その原因を考える必要がある。自衛艦「まつゆき」によって海上で回収された部分は曲げられふくらみ、ハネカム（強度を高めるための構造）の貼り合わせが剝がれたように変形していた。これが内部からの圧力により破壊されたものと誤解された可能性もある。

折れたのは垂直尾翼の根もとから395インチ（約10メートル）の外板の継ぎ目の所で、直線的に破断している。先述した通りこの部分はなぜかかなりふくらんだ状態で回収されている。ボーイング社の調査員がこれを見て、圧力隔壁の破壊と誤認するのもむりはない。ここから胴体側（下側）はふくらんでいない。この状態は395インチのところから外板がめくれ、そのすき間に、時速800キロメートルの空気が流れ込んだために内側から吹き飛ばすように破壊したとも考えられるのだ。

この機体は事故以前から上下の方向舵に平均よりも大きなズレがあり、機体後部にあるトイレのドアは地上では問題なく開閉出来るが、高高度を飛行中に開閉出来なくなることがあった。これは飛行中、垂直尾翼が空気の力をうけて胴体が変形していた証拠とも見られる。さらに後方客室で時々金属性の異常音も聞かれていた。

これらの事実より事故前から垂直尾翼に変形があった疑いが濃くなっている。この点からも、再調査に備えて後部圧力隔壁とともに尾翼の破片の保存は重要である。

尾翼の破壊過程、つまり本当の事故原因を追究するためには、できるだけ多くの尾翼の破片を回収する必要があった。

各方面からあがった相模湾からの破片回収要求の声を無視しておきながら、事故調は「回収された破片が少ないので尾翼の破壊過程は明らかに出来なかった」などといって、とぼけている。

客室内の空気が膨張して噴出していない以上、垂直尾翼を内部からの力で破壊するエネルギーは得られず、事故調のシナリオは成り立たない。

また我々は事故機の残骸をじっくりと観察することも出来ず、残された道は事故調査委員会の報告書の矛盾点をつき、その中から真実へアプローチする以外にない。

方向舵の破壊とボイスレコーダーに記録された低い周波数の振動、機内に風が吹かなかったこと、方向舵のゴムの圧着痕など、現在我々が手にしている事実を基に、事故原因を推定した仮説が「フラッター現象説」である。

今年（2005年）8月12日、御巣鷹山墜落事故は、20年目の夏を迎えた。残念ながら、ジャーナリズムの報道姿勢には、一部をのぞいて相変わらず事故調の〝科学の常識に反した〟報告書を鵜呑みにしたものがまだ多い。「誰がミスったのか」という犯人探しから、事故原因の本質に目を転じなければ、大事故に防止策は講じられない。死角の構造こそが悲劇を生む温床である。

第2章　コメット機事故調査に学ぶ安全

この章で取り上げるコメット機の墜落事故は、事故そのものの特異性はいうまでもなく史上初めてのジェット旅客機開発の過程と、その機体に発生した墜落事故の原因究明に至る道程がどちらも非常に大きなドラマである。エルバ島上空、コメット機は一瞬で機体がばらばらになり乗員乗客全員が死亡した。墜落原因を解明する手掛かりは何一つ残されていないようだった。フライトレコーダーもボイスレコーダーもまだ搭載されていない時代である。機内の記録は全く残されていない。

1954年1月10日、シンガポール発ロンドン行きのBOAC（英国海外航空）781便として就航したコメットは、途中ローマ、シャンピーノ空港から29名の乗客を乗せて最終目的地ロンドンに向かって離陸上昇した。

天気は多少雲があるものの、穏やかな冬の朝だった。オスティアの遺跡近くにあるビーコンを経由して、イタリア半島の西海岸を北上し、午前9時50分エルバ島の東南80キロメートル地点通過の連絡をした時には、2万6千フィート（約7900メートル）を上昇中であった。コメット

墜落したコメット、〝ヨーク・ピーター〟

の機長は彼らの便の10分ほど前にローマを出発したBOACアーゴノート機（ダグラスDC－4型機にイギリスのロールスロイス製エンジンを搭載した機体）G－ALHJの機長に社用無線で連絡をとり航路上の気象情報を得ようとした。コメットからの送信は「Did you get my……」「こちらの（メッセージ）受け取った?……」で途切れ、二度と送信されなかった。〝ヨーク・ピーター（YP）〟と呼ばれたこの機体は、世界最初のジェット旅客機による定期便となった記念すべきものである。

エルバ島上空の悲劇

その頃、エルバ島の漁船の乗組員や農夫が、飛行機の音に続いて大きな爆発音を聞いた。その直後、空から飛行機の破片が煙や火の尾を引きながら落ちてくるのを目撃した。破片は回転しながらエルバ島とモンテクリスト島の間の海中に落下して行った。

事故が明らかになってエルバ島のフェラリオ港から出

来るだけ多くの船が救助に向かった。空からの捜索も行われた。その結果5時間後には、浮遊していた破片、郵便袋、オーバーコート、クッション、テディベアの縫いぐるみ、そしてばらばらになった15の遺体を発見、回収した。

事故直後は、爆発物による空中分解ではないかとテロを疑う声が広がっていた。数日後、ロンドン東部で「UFO」（未確認飛行物体。空飛ぶ円盤）の目撃情報があったことから、ついには「UFO」との衝突説まで登場した。

この時点でコメットに何が起ったか確たることは分からなかったが、2万7千フィート（約8100メートル）付近を上昇中、客室に急減圧が発生したことだけは確実と見られていた。遺体の検死結果から、急減圧独特の症状が看取できた。肺に出血点、肺気腫があり、また頭蓋骨に損傷がないのに鼓膜が破れていたのである。

コメットは事故当時、初飛行から3年と2日経っていた。まだそれほど老朽化している状態ではない。事故前日までの飛行時間は3681時間で、飛行回数はおよそ1200回に過ぎなかった。これは年間400回の離着陸ということで、最近の旅客機から見れば非常に少ない部類に入る。コメット機の製作段階での客室の与圧に対する疲労寿命は8・25psiの圧力をかけた場合、1万8千サイクル（離着陸）と推定されていた。

事故発生後の英国の対応は素早かった。BOACは全てのコメット機の運航を停止した。当時、東京、ヨハネスブルグ、シンガポールに滞在していた3機を、乗客は乗せず郵便物のみを搭載した低高度飛行でロンドンに戻した。

事故から4日後の14日、ＢＯＡＣは事故機と同じ飛行時間３５００時間程度のコメット機２機について精密な検査を行った。

更に2日後の16日、ＢＯＡＣは次のような声明を発表した。

「全てのコメット機はロンドンに戻し、細部にわたって点検した。同時に煙感知器の増設、エンジン周りの防護板の設置など60箇所に及ぶ改修を行なうことを決定した。精密な点検でもコメット機には構造的弱点は発見できなかった」

18日から乗員の訓練を再開した。2月に入り、ＢＯＡＣはコメットの信頼性を誇示するためか、更に5機を発注した。

2月19日、ＢＯＡＣは「コメットの安全性を確保するためにあらゆる可能な対策を行った」と運輸・民間航空省に報告した。

これを受けて3月5日に航空安全委員会は、「原因不明の事故に対して、可能な限りの対策がとられたと認める。コメット機について特別に制限をつける根拠は見当たらない。航空安全委員会はコメット機を改修の後、試験飛行を行い、通常の運航に復帰させることを勧告する」と発表、運輸・航空省は運航の再開を認可した。

１９５４年3月23日、ヨハネスブルグ便から運航は再開された。エルバ島の事故から3ヶ月あまりが経過していた。

コメットYP機とYY機の墜落地点

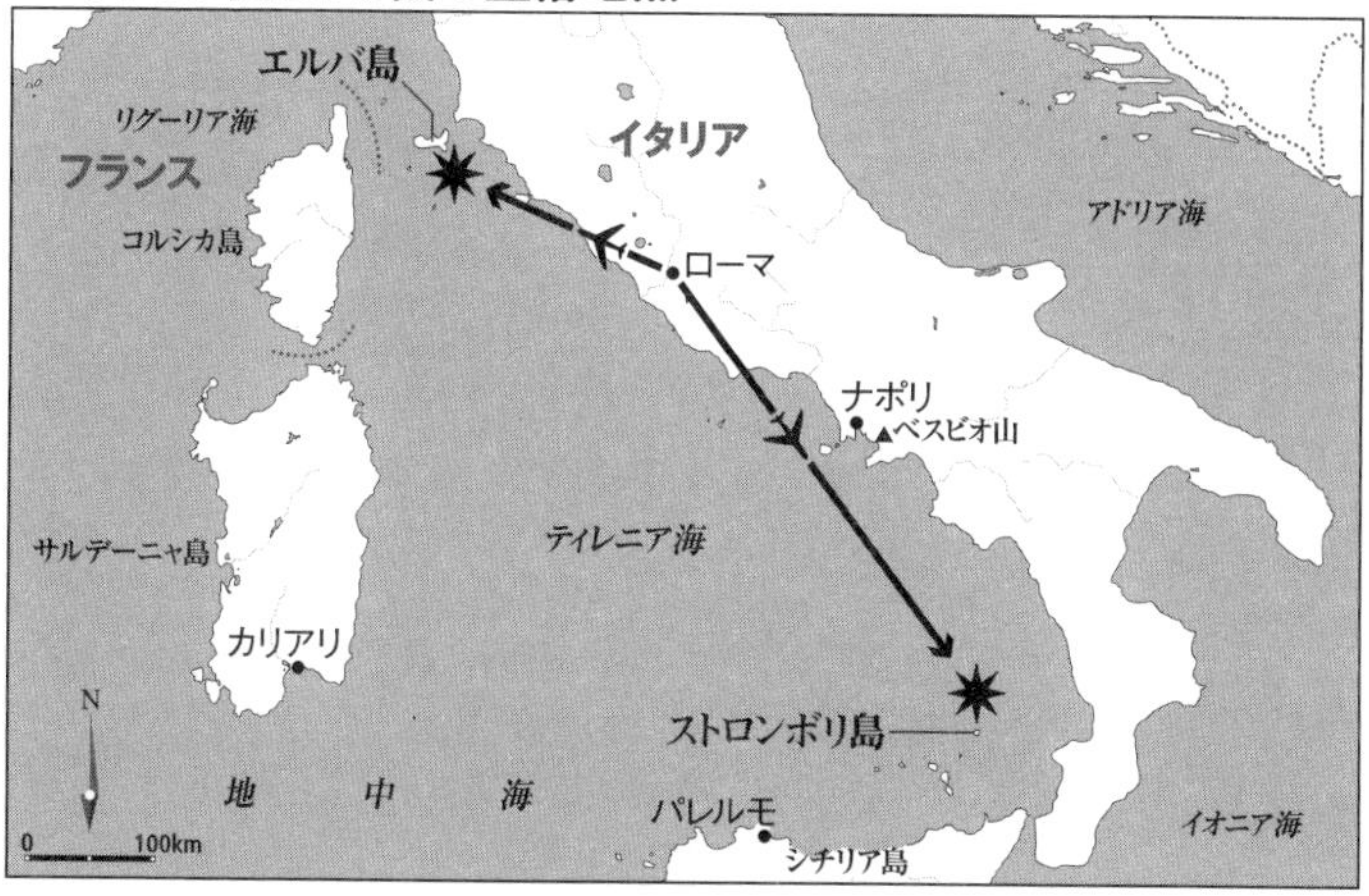

1954年4月8日、コメットがやはりイタリアのストロンボリ島付近の上空で再び消息を絶った。

この機体はBOACから南アフリカ航空にチャーターされ、南アフリカ航空SA201便として運航されていた。

ローマのシャンピーノ空港を、イギリス人11人、アメリカ人3人、南アフリカ国籍2人、スイス人とエジプト人各1名、合計18名の国際色豊かな乗客を乗せて、18時32分に離陸し、次の経由地カイロに向かっていた。

18時57分、ローマの航空管制機関に「ナポリの真横の地点を通過した、高度3万5千フィート（約一万メートル）に上昇中」と連絡があった。

19時05分、カイロに短波無線で到着予定時刻を送信している。これがコメットからの最後の通信になっている。その後、破片などが発見された地点から推測して19時10分ごろ201便は3万5千フィートに到達する前後に、空中分解したものと推定された。

事故発生地点は火山で有名なストロンボリ島付近の地中海上空と判断された。事故までの飛行時間は2704時間であった。

航空機と船舶による捜索が行われ、いくつかの破片と5人の犠牲者の遺体が収容された。しかし、墜落地点付近の水深は千メートル近くもあり、当時の技術では回収不可能と判断され、海上捜索のみで打ち切られた。収容された遺体の検死結果はエルバ島でのコメット事故による死者とそっくりだった。機内では急減圧が起っていたものと推定された。

この2件の空中分解事故を受けて、王立航空研究所（RAE）はストロンボリ島の事故機は回収できないが、エルバ島でのコメット事故なら海底から機体を引き揚げられると判断し、ここから原因にたどり着くことを決定した。エルバ島海域の徹底調査が始まった。ここからがコメット機事故調査の核心部分であり、コメット機の事故は航空機事故調査の重要性を具体的に世界に示した。現在の大型旅客機は例外なくコメットの事故調査の恩恵を受けている。

コメットの誕生まで

コメット機といえば航空関係者にはすぐに理解されても、一般の読者には少し説明が必要である。コメットは世界で最初に実用化されたジェット旅客機である。第二次大戦末期の1943年、それまでドイツと制空権を争うために戦闘機や爆撃機ばかり作ってきたイギリス航空機メーカー業界だが、戦争が終わり平和が来れば民間航空、特に大西洋を挟んでアメリカとの間で旅客が増加することは確実と分析していた。

民間航空機のアメリカとの主導権争いを早くも意識して、旅客機の設計方針について会議が開かれ、様々な機体が計画され始めた。その中のひとつに「コメット」機が含まれていたのである。このほかに150トンの巨人機「ブラバゾン」、飛行艇「プリンセス」など大西洋横断のための豪華旅客機、日本でも使用されていた「ダブ」と呼ばれる小型の双発機も設計、製作され始められた。

当時のジェット・エンジンは「大飯食らいでうるさいもの」、つまり燃費が悪くて騒音が大きく、その割には推力が小さい。旅客機のエンジンには向かないと考えられていた。そのため当初、コメット機は胴体内に3基のエンジンをまとめて搭載した小型の郵便機として設計された。その後、エンジンの推力が大きくなるにおよんで旅客機用に計画が変更され、世界初のジェット旅客機が生まれることになったのである。

ジェット機は、従来のプロペラ機よりも単にスピードが速くなっただけではない。現代のジェット旅客機は1万メートル付近、成層圏に近い高度を飛行している。これがもう一つの大きな違いである。高空を飛ぶほうがジェット・エンジンの燃料消費率は良くなるからである。

高度1万メートルにもなると、空気は薄く、気圧も5分の1ほどしかない。富士山などの3千メートル級の登山では、酸素不足で高山病が発生するように、人間は3千メートル以上の高度では酸素不足のために脳の機能が低下し、頭痛、痙攣、眠気などを起こし、ひどい場合、意識を失う。

8848メートルのエベレストにいどむ登山家でさえ、酸素ボンベを背負って頂を目指すのである。まして、1万メートルを超える高空を飛ぶジェット機の客室が外気と同じでは、乗客の生命は危殆に瀕する。そのために客室の気圧を地上に近い0・8気圧ほど（最低2400メートルの気圧）になるように加圧している。

これを「与圧」と呼んでいる。本書にもたびたび登場する航空用語である。「与圧装置」と呼ぶ機械で客室に空気を送り込んでいるおかげで、1万2千メートルというエベレストより高い空を飛行しても、乗客はほぼ地上と同じ状態でいられる。機体内部の気圧を上げるために、ゴム風船のように内部の圧力が高められるために、機体に穴や裂け目ができるとゴム風船を針で突いたようにパンクする。

風船の中は気圧があまり高くないが、飛行機の場合は1平方メートルあたりに約6トンの力がかかっている。たたみ1枚程度の大きさの扉でも、12トンという大きな力となる。飛行する度に機体は中から大きな圧力を受けて膨らみ、着陸すると圧力が無くなって元にもどる。ジェット機の機体は膨らみ縮むことを繰り返している。

ジェット時代の幕を開けたコメットは、同時に「与圧」との闘いの歴史に踏み出した。「与圧」が大きな事故の原因となることを、コメットは身をもって教えることになる。

与圧された大型の旅客機が初飛行したのは1938年12月31日。乗客33名を乗せたボーイング307型機で、6100メートルの高度を飛行し、客室を3750メートル相当の気圧に保つことが出来た。この時の機体の内と外の差圧は1平方メートル当たり1・8トンであり、現代の旅客機の約3分の1の与圧であった。ボーイング307は、実際には成層圏までは上昇していなかったが「ストラト・ライナー」(成層圏旅客機)と呼ばれていた。

当初、郵便機として計画されたコメットは、最終的には総重量約52・6トンの乗客40名を収容できる4発のジェット旅客機となった。客室は与圧され3万5千フィート(約1万メートル)の高度を飛行しても、客室内は8千フィート(約2400メートル)程度の気圧に保たれるように設計された。

1946年9月、原型の試作が始められた。1947年1月、まだ実際に出来上がらないうちに、イギリス政府から2機、BOAC(英国海外航空)から7機の発注を受けている。

気密構造の機体は、強度を高める必要があり必然的に重くなる。そのため胴体を細くし、座席は4列が入るぎりぎりの幅に設計された。更に軽量化を図るために、金属の接合をできるだけリベットから接着剤の使用に変更した。空気抵抗を減らすため薄い翼が採用され、エンジンは胴体の翼の付根部分の中に埋め込まれた。

成層圏に近い高空を飛行するため、胴体は与圧による内からの圧力を受け、外はマイナス50度以下の外気にさらされる。その過酷な条件をクリアできるか否かの機体の強度テストが行われた。巨大な水槽が作られ、胴体の各部分ごとに内部圧力を20・5psiにして耐圧試験をくり返した。特に窓には通常の10倍の圧力をかけてテストを行った。

エンジンには軍用エンジンを改良して作られた「ゴースト」が使用された。黎明期のジェット・エンジンは推力がまだ小さく、しかも現代のそれと異なり、遠心式圧縮器が使用されていたため、エンジンの直径が大きかった。その割には４４５０ポンドの推力しか出せず、機体は出来るだけ軽量化を求められたのである。

ジェット・エンジン独特の騒音にも配慮が重ねられた。実際に胴体の近くでジェット戦闘機のエンジンを動かし機内の騒音を測定しながら防音対策を練った。

2機の原型機（プロトタイプ）で、合計１０００時間を超える試験飛行が続けられた。

このような背景で、英国の威信をかけてデ・ハビランド社がコメット機の開発と製作を担当した。

当時、超大型機だった「ブラバゾン」はブリストル社、大西洋横断用の豪華超大型飛行艇「プリンセス」機はサンダース・ロー社、いずれも飛行機メーカーの老舗が製作を担当した。しかし、いずれも試作機だけで姿を消している。

コメット機は正式には「デ・ハビランド　１０６コメット」(De Havilland 106 Comet) と呼ばれる。I型からIV型まで、１９４９年から１９５９年まで世代ごとにいろいろな型が作られた。最初のI型では翼幅35メートル、全長28・３メートル、最大重量47・６トン、座席数36、エンジン推力は４４５０ポンドを4基使用していた。現代では中型旅客機クラスである。

コメットは、事故によって初期のI型II型は早々に姿を消したが、IV型はかなり長く使われた。また軍用型の「ニムロッド」も１９９９年までその姿を見ることができた。

初期型の機体は事故で姿を消したが、皮肉にもその墜落をめぐって行われた優れた事故調査が歴史に名を刻んだ。コメット墜落の事故原因が究明されたことにより、その後のジェット旅客機は大きく安全性が向上した。

卓越した事故調査は人類全体に大きな利益をもたらすものであることを示した。本当の原因が突き止められない限り同種事故が再発するものであることも証明され、事故調査は事故機に関する事実情報（残骸や目撃証言）を可能な限り集め、それを客観的に分析することが不可欠であることを教えている。そしてその原因を取り除く具体的な対策を速やかに採らなければ事故調査の意味はなく、犠牲は無駄にされてしまう。

日本では「ミス」を事故の原因であるかのようにとらえる傾向があるが、「何故ミスを犯したのか」が真の事故原因である。ミスの原因を個人の「たるみ」と断じ、事故防止のための再教育と称して「精神教育」が行われることがある。「ミス」をするのは人間である以上避けられない。作業者に緊張を強いればミスは増加するのは当然であろう。いろいろな分野で安全より効率・利益が優先されて、操作をしているのは人間であることが忘れられている。

コメット機の事故調査は改めてこの点に警鐘を鳴らしてくれる。

エルバ島上空で事故を起したコメットには〝ヨーク・ピーター〟という呼称があった。これは事故機の登録記号G－ALYPの最後の2文字「YP」からきたものである。当時航空通信で「Y」をYork、「P」をPeterと発音した。このために機体を〝ヨーク・ピーター〟と呼んだわけである。日本でも電話で電報を送るときに「イ」を「いろはのイ」、「ロ」を「ローマのロ」、「ハ」を「はがきのハ」というようなもので、誤解のないように枕を付けていたのである。

一方、ストロンボリ島の上空で事故を起した機は、G－ALYYの登録記号を持ち、したがって「YY機」（ヨーク・ヨーク）と呼ばれる。

YP機はコメット機として3番目に作られ（1番2番は試作機としてデータ収集目的で使用されたため、実用機としては事実上の1番機である）、シリアルナンバーと呼ばれる製造番号は06003であった。106型つまりコメットの3号機を意味している。

デ・ハビランド社のハットフィールド工場で製造され、1951年1月9日に初飛行が行われている。翌年の3月にBOAC（英国海外航空）に引き渡され、登録記号は先述したようにG－ALYPとなった。

YP機はBOACでテスト飛行と訓練飛行を339時間行なった後、1952年5月2日、ロンドン－ヨハネスブルグ間の世界最初のジェット定期便として就航した記念すべき機体であった。

1952年7月8日から路線試験飛行として東京の羽田空港まで飛来し、羽田では機内を関係者に公開し、江戸時代の「駕籠」と並べて記念写真が撮られたりした。

しかしこの機体は、就航して3ヶ月後の8月にスーダンの首都ハルトゥーム（白ナイル川と青ナイル川の合流点付近）の空港に雨中、着陸する際、ハードランディング（衝撃のある着陸）となり、車輪とフラップを損傷してしまった。

1952年12月14日には二度目の東京までの調査飛行を行い、飛行時間23時間53分の記録を残している。

東京から戻り1952年12月22日にバーレーン空港を離陸する際に、主翼の後縁付近で爆発が起こり、エンジン火災が発生した。離陸中止に成功したものの機体は大きな損傷を受け燃料の配管とエンジンを交換した。

1953年3月11日に耐空証明（飛んでもよいという許可。クルマでいう「車検」）が更に1年間更新された。

1953年11月11日、飛行時間3207時間に達したところで、乗客の搭乗口ドアを修理し、11psi（通常の差圧は8・66psi。psiは1平方インチ当りの力をポンドで示した圧力の単位）の胴体加圧試験を行った。エンジンその他の部分も所定の検査が行われたが、特に異常は発見されなかった。悲劇は2ヶ月後にやってくる。

世界初のジェット旅客機とその悲劇

「ヨーク・ピーター事故」の前にも、コメット機は何度か事故を繰り返している。しかし、そのつど原因究明が行われ、再発防止の対策が極めて速やかにとられていた。コメットの運航開始初期に起きた離着陸時の事故には、プロペラ機からジェット化したばかりで、計器もジェット・エンジンの性能に追いつかず対応が不十分だったことがわかっている。パイロットもまだジェット機の特性に不慣れな点が多かった。コメットの事故を列挙してみる。

1952年10月26日、12番機であるG－ALYZはBOAC社の所属で、この小事故（インシデント）はコメット機として最初のものである。機体はまだ新品で、わずか81時間33分しか飛行していなかった。

ローマのシャンピーノ空港を夜、カイロに向かって離陸しようとしていた。気象状態は小雨が降っていたが、気温19度で視程は10キロメートルあり、特に問題はなかった。滑走路16から離陸滑走を開始して速度が75～80ノット（時速約139キロメートル～148キロメートル）に達し、機首が上がり始め、112ノット（時速約207キロ）で操縦桿を引いて一気に機首を上げた。

機体が浮き上がり車輪を上げても良い高度に達したと機長は判断して、「ギア、アップ」（車輪上げ）を指示した。

その時、左翼が急激に下がり機体が左に傾いた。すぐに傾きは修正されたが、速度が増加していないことに機長は気づいた。失速に近い状態であることを示す翼の振動も確認され、この振動は傾きを直しても続いていた。

副操縦士が車輪を上げようとしたとき、機体は降下して車輪が滑走路に着きバウンドした。

機長は速度計を注視していたが、速度は一向に増加しなかった。「これはエンジンがいかれた！」と機長は判断したが、時すでに遅し、滑走路をオーバーランして盛り土に車輪が接触した。すぐにエンジン・スロットルを閉じたが、滑走路から外れて250メートル土の上を走り、両車輪、左翼と左尾翼を損傷して飛行場のフェンスの手前、約10メートルのところで停止した。幸い

2名が軽傷を負っただけで事なきを得た。

イタリア当局の調査では、滑走路のところどころに尾部をこすった跡があったことから、機首の上げすぎで抵抗が増加、加速しなかったと結論付けられた。コメットは11・5度以上機首を上げると尾部のバンパーが滑走路に接触する。

当時のコメットの姿勢を示す計器は、必ずしも正確ではなく、飛行機の姿勢の変化に対する反応も速くはなかったといわれている。その上、夜間で目視の対象となる目標が少なく、姿勢の判断がつきにくかった。デ・ハビランド社のその後のテストで、コメットは離陸中に機首を上げすぎると失速する可能性があることが確認され、その後、離陸方式が改められた。

新しい離陸方式は、「定められた速度」に達するまで前車輪を滑走路につけておかなければならないというもので、「定められた速度」を「ローテーション」速度と呼んだ。この離陸方式は現在のジェット旅客機では常識となっている。

正確を期した地道な事故調査の成果が、航空安全を向上させている。


1953年3月3日、コメット機として初めての人身事故が発生した。事故機はI型よりエンジン推力が大きく、乗客数も36名から座席が2列増やされ44名に増加したコメットIA型といわれる新型機であった。1953年3月2日カナダ太平洋航空（CPAL《シーパル》）に引き渡され、登録記号はCF－CUNとなり〝Empress of Hawaii（ハワイの女帝）〟と命名された。

同機は直ちにロンドンからシドニーに空輸されることになり、途中給油のために、パキスタンのカラチに到着した。翌日早朝、午前3時35分、暗闇の中を離陸開始したが、機首を上げすぎて翼に振動が発生し、地上での失速状態に陥った。

機長はそれに気づき、機首を下げたが、時すでに遅く、滑走路をオーバーランして空港のフェンスを突き破り土手の手前で停止、機体は爆発炎上した。エンジンの排気管付近は4時間にわたって燃え続け、搭乗者11人全員が死亡した。就航前の空輸中だったため乗客は乗っていなかった。

事故機はわずか44時間しか使用されていない。

パキスタン政府の要請でデ・ハビランドの調査団が現地に派遣され、調査に参加した。彼らは、この事故の原因から改善点を見つけ出し、イギリスに持ち帰り、直ちに主翼の前縁の形を変え、なんと3月中には離陸時に失速しにくい翼型に改良したのである。実に素早い事故対策だった。

事故調査の過程で残念なことが明らかになった。滑走路上にアルミを擦りつけたような痕跡が1150メートル近く続いていた。尾部が接触した跡である。更に滑走路には砂を固めた滑走帯の上に車輪の跡がついていたが、途中から前車輪の跡が消え、その先からは主車輪の跡も消えていた。〝ハワイの女帝〟は浮上していたのだった。その直後に右の車輪が排水渠の側壁に接触し乾いた広い排水溝に落ち込んで、爆発炎上したのである。まさに紙一重の事故だった。

余談だが、私は1963年ごろコンベア880という初期のジェット旅客機に乗務していた。この飛行機は最近（2005年春）映画『アビエイター』で話題となったハワード・ヒューズが製作に関与したといわれる機体である。当時最速の戦闘機F104のエンジンを4基搭載していた。推力が大きく加速だけは良かったが方向安定性が悪く、すぐにダッチロールに入る不安定な飛行機だった。

日本航空で9機使用されたが、うち4機が離着陸時に事故を起こしている。コンベアの離陸時の操作として、パイロットは「ローテーション」速度になるまで操縦桿をしっかり前に押さえ込んで前車輪が浮かないように注意していた。コメットでは地上失速を起こさないようにするためで、コンベアとは同日には語れないが同じ注意と操作を結果として行っていたと思う。

現在飛行機の姿勢を示す計器(ホライズン=人工水平儀)は、精度が高く、何度機首を上げているのか下がっているのか、0・5度程度の角度まで読み取れる。当時のものはジャイロの精度が不十分で機首の上下の目盛りも無く、プロペラ機時代とたいして変わっていなかった。

カラチ空港は私も何度も離着陸したが、いつも深夜のことで昼間は飛んだ記憶がない。夜は空港周辺に明かりが少なく、目標が設定しにくかった。天気が良くて地上は見えているはずなのに、真っ暗闇で高度感がつかみにくかった。私はこのような事故の背景があったのではないかと考えている。

1953年5月2日、コメットの8番機でBOACに所属していたG-ALYVに空中分解事故が発生した。この飛行機はシンガポールからロンドンへ向かう便に使用され、インドのカルカッタにあるダムダム空港から離陸した。

1万フィート（約3千メートル）付近を上昇中、きわめて強い雷雲に遭遇した。機体は分解し12マイル（約20キロメートル）四方に破片となって散乱した。破片の一部は落下してから半日も燃えていたといわれる。新聞報道によれば、その一部は持ち去られたものもあったという。乗員6名と乗客37名全員の命が失われた。

インド政府が調査した結果、雷雲の中に入った事故機は、乱気流のため機体に構造破壊が生じたと推定された。破壊の原因は、激しい突風、あるいは乱気流に対して、パイロットの修正操作が大きすぎたか、その両方の要素が競合した結果、両方の昇降舵の桁が破損したと推定された。当時、油圧操舵のコメットは操縦桿を動かしても抵抗がなく軽い力で大きな操舵が可能だった。それまでのプロペラ機の人力操舵になれたパイロットは、乱気流に入ったときに必要以上に大きな操舵を行ってしまい勝ちで、舵が破壊される危険があるといわれていた。

この事故については、胴体の燃料タンクに少ししか燃料が入っておらず、インドの高い気温のためにタンク内の燃料が気化して可燃ガスが充満し、折しも雷雲の中、そこに落雷を受けて機体に電流が流れたため爆発したのではないかと推定する研究者もいた。しかし、回収された機体の残骸は少なく、結論は得られなかった。

１９５３年6月25日、ＵＴＡフランス航空所属のＦ－ＢＧＳＣは、コメットの19番目に製造された機体で、エンジンの推力を増したＩＡ型である。１９５３年に入りコメット機にとって3件目の重大な事故となったため大いに注目された。たしかに、世界中で20機以下しか飛んでいなかったコメット機であってみれば、1年に3件の事故は多すぎると受け止められてもしかたなかった。ジェット機という新しい可能性に対し、その安全性という点に大きなクエスチョン・マークが付きかねない状況だった。

午前6時、パリから乗員7人が乗務し、乗客10人を乗せて自動車のラリーで有名なセネガルのダカール空港の滑走路に着陸した。しかし滑走路内で停止できず、深さ約70センチ幅22メートルの溝に飛び込み、両車輪をもぎ取られ、胴体をこすりつけて停止した。乗員乗客に死傷者は出なかったが、機体は修理不能と判断され解体処分された。この機もわずか133時間しか飛行していなかった。

1954年4月9日、ストロンボリ島上空で起きたYY機の事故の翌日、コメットの耐空証明は全て無期限に取り消された。イギリスの威信をかけて大戦後の民間航空の主導権を握ろうとしたコメットは旅客機ではなく、莫大な費用のかかった金属の塊に過ぎなくなってしまった。

その後、DC－10型機のシカゴ、オヘア空港でのエンジン脱落事故の直後にも耐空証明が取り消された例がある。

世界に散らばっていたコメットは、与圧を使用せず飛行してイギリスに集められ、種々のテストと調査に使われた後、スクラップにされた。

コメットを使用していたフランスの航空会社も、全ての機体をパリ、ルブルージェ空港に集め、二度と飛行することはなかった。そして、1961年スクラップとなった。

日本航空でも1952年10月13日、2機のコメットⅡ型(シリアルナンバー06043と06044)の購入契約を結んでいたが、1955年7月27日、この契約を解除している。

歴史に残る「エルバ島作戦」

YY機事故の直後、イギリス供給省(Ministry of Supply)は王立航空研究所(RAE)に、2件の空中分解事故について、構造の強化、燃料系統の改善、飛行中のフラッター(翼の振動)に重点を置いて事実調査を行うように指示した。

この指示を受けて、王立航空研究所では何機かのコメットを使った実験を行うことを決めている。同時に千メートルもの海底深くに沈んだYY機に比して、エルバ島周辺の比較的浅い海に沈んでいるYP機の残骸を徹底回収する計画を立てた。この回収計画は前例を見ないほど徹底したものであった。これを上回る破片の回収を行なったケースは、一つしかない。1996年7月17日、TWAのボーイング747・800便がニューヨークのJFK空港を乗客乗員230名を乗せて離陸した直後に、大勢の目撃者の前で空中爆発して海中に墜落した事故である。このときにはテロの疑いがあったためFBIが捜査に乗り出し、20億円といわれる費用をかけて機体の98パーセントを回収した。

回収作業に先立って墜落地点の再確認のために、現地の目撃者の事情聴取が行われた。YP機の事故直後、チャーターされた飛行機から撮影した航空写真を参考にした。

写真の中には、エルバ島の一部と残骸や遺体の回収に当たっていた船が写っていた。ここから破片の発見された位置が正確に確認できた。

破片回収にはエルバ島の港湾当局、エルバ島の漁船、マルタ島のイギリス海軍艦艇、サルベージ会社、海底捜索用の水中カメラの関係メーカーなど多くの協力を得て行われた。

破片の回収作業は、Operation〝Elba Isle（エルバ島作戦）〟と名付けられた。

１９５４年5月7日右主翼の先端に近い部分（外翼）。

5月26日尾部ユニット。

6月16日胴体中央部の左側。

6月19日垂直尾翼部分。

機体の主要な分部が、順次、発見された。

胴体は背中から裂けた

エルバ島作戦と並行して、ロンドン郊外のファンボローにある王立航空研究所では、水槽に実物のコメット機（元G－ALYUの機体など数機）の胴体を入れて3時間の飛行周期に近いような加圧実験を10分ごとに、24時間連続で疲労破壊が起こるまで繰り返した。

エルバ島作戦で回収された残骸は徹底的に分析され、ファンボローの格納庫の中に胴体の破片が元の関係位置に組み立てられた。ジグソーパズルを完成させるような根気強さで繋ぎ合わせていった。

ＹＰ機は大きく分けて、機首、胴体中央部分と翼の中央部分、左主翼の先端に近い部分（外翼）、右翼の先端に近い部分、そして尾翼を含む尾部の五つの部分に分解していた。

復元された機体には、尾翼部分に金属が強く当たって出来た凹みと、こすられた傷があり、青い塗料の痕跡が残されていた。尾部と胴体部分を組み立ててみるとその傷は胴体の左側前方から続いており、尾翼の傷とつながっていることが判明した。

この傷は、尾部が分離する前につけられたことは間違いなかった。

では、何によって、どのようにしてつけられた傷なのか。そこで青い塗料を分析してみると、これらは客室の座席のものであった。次に、その座席がどのようにして傷を付けたのかという謎解きをしなければならない。

まず、胴体から尾翼が分離する前に、客席が機内から外に飛び出したと仮定するほか尾翼に青い塗料の傷が付くことは考えられない。さらに尾翼の深い傷は、客席がかなりの高速で、爆発的に飛び出したことを意味していた。

客室が爆発的に破壊されたことを示す証拠はこれだけではなかった。左翼の上面に胴体側面の窓をつなぐように引かれているＢＯＡＣ特有の濃い藍色の線がはっきりと転写されていた。明らかに胴体が翼の上に叩き付けられたことを示していた。翼が分離する前に胴体の左側壁が破裂したことを物語るもので破壊順序を解明する鍵となった。

機体の上部に裂け目が走り、そこから魚の背開きのように裂けたとしか考えられなかった。背中の裂け目の起点となったのはどこか。それが解明されれば胴体を破壊した原因に辿り着ける。しかし、YP機の胴体上部にはまだ回収されていない部分があった。胴体上部の破片を探せ。それが、エルバ島作戦の目標になった。

9千時間で胴体破裂

エルバ島作戦と並行して、1954年6月末、水槽内で加圧実験をしていたコメット機の胴体が、9千飛行時間に相当する回数で破裂した。胴体には2・4メートル×0・9メートルの大きな亀裂が左翼の上、客室窓と緊急脱出口の下に沿って広がった。この疲労亀裂の起点は、前方非常脱出口にある四角く作られた窓のフレーム下隅に打たれていたリベット穴の周囲に痕跡が見られた。裂け目はここから始まっていた。四角く開けられた窓の角の部分から亀裂が進行していたのである。

さらに詳細に検査すると胴体中央部の天井部分にあるADF（電波の来る方向を感知する計器）の回転するループアンテナを機外にだしている四角い穴の隅のリベット穴から、髪の毛のように細い亀裂（ヘアピンクラック）が進行していることも発見された。これは専門用語で「切り欠き脆性《ぜいせい》」という現象だが、コメットのADFの穴の隅は、少しは丸く作られていたが不十分だった。

この時点ではまだYP機のADFアンテナ部分は回収されていなかった。YP機のように五つの部分に分解した場合、問題のアンテナの穴の部分はどこに落下するのか推定するために、胴体破壊のエネルギーを計算したところ、500ポンド（約230キログラム）爆弾を機内で爆発させた場合に類似していることが判明した。

その破壊過程を再現するために、主要部分が取り外せる木製コメットの縮尺模型を多数作り、紐で地上につないだ気球から飛ばす実験を試みた。YP機の分解過程を再現し、どの様に機体の破片が散布されるかの調査である。

そのデータをエルバ島の地図に当てはめ、可能性の最も高い地区に船を集めて作業を進めることにした。

模型機の実験データに基づいて7月6日からエルバ島作戦を再検討し、改めて回収作業を開始した。その付近はやや水深が深くトロール船（底引き網を使える船）によって、回収作業を続けた。

1ヶ月あまりが経過したが、「ADFのアンテナ部分」という獲物はかからなかった。

8月12日、ついにイタリア漁船の網に、ADFアンテナ周辺の外板がかかった。直ちにファンボローの研究所に送られた。そこには水槽実験で見つかったものと同様、アンテナ開口部のリベット周辺に明らかな疲労亀裂が発見された。ここから機体が、魚の背開きのように破壊していったのである。

ミステリーといわれ、UFOとの衝突説までささやかれたコメット機墜落の原因は、構造破壊にあった。粘り強い海底捜索の〝エルバ島作戦〟がもたらした大きな戦果であった。

私は1964年ごろローマからフランクフルト経由のロンドン便にしばしば乗務した。眼下にエルバ島を眺めるとコメット機のことを思い出していた。


YP機の事故原因が明らかにされてから飛行機の窓は角が取れて丸くなった。コメット機と同じ基本設計の胴体を使っているフランスのカラベル旅客機は窓が丸みを帯びた三角、日本人にとっては「おむすび型」といったほうが判り良いような形をしている。これは疲労亀裂による破壊を防止するためである。

日本でも全日空によって使われていたイギリスのビッカース・バイカウントに至っては出入り口のドアの開口部も円形に作り変えられていた。

コメット機も1958年以降、客席の窓が丸い形に改良されていった。コメットⅡ型ではすべて丸窓となっている。

根気強い破片の回収、実験。徹底的に事実を追究することによって事故原因は究明された。

コメット機以降胴体の破裂による減圧事故は、台湾西海岸沖で発生した2002年5月25日、中華航空ボーイング－７４７型機の空中分解事故以外に発生していない。

コメット機の事故調査が世界の航空界に果たした貢献は大きい。

事故直後に当時のイギリス首相ウィンストン・チャーチルが言った「The cost solving the Comet mystery must be reckoned neither in money nor in manpower」（コメット機のなぞを解くためには費用や手間のことなど考えてはならない）という言葉の持つ重みを、私は今しみじみと感じている。

パイロットや客室乗務員は緊急事態に備えた訓練を受ける。規則上、年1回は受けなければ乗務できないことになっている。そのなかで教材として、1956年10月15日ホノルルを出発し、サンフランシスコに向かっていたパンナム（当時はまだパンアメリカン・ワールド・エアー・ウエイズと呼ばれていた）のボーイング377「ストラトクルーザー」の不時着水（アメリカ沿岸警備隊の船が撮影したフィルム）を繰り返し見せられた。おそらく10回以上は見たと思う。それは全く見事な、不時着水の手本として感心するほかないものだった。

会社の教育そのものは、単に着水前の準備とか、着水時の乗客に対するアナウンスなどが繰り返し教えられるばかりで閉口したのだが。

勿論これとて大切なことだが、私にはこの教育の実質では物足りなかった。どうして太平洋の真ん中での不時着水にもかかわらず、かすり傷を負った人が数名だけという見事な成功を収められたのか、その要因を知りたかった。さらに詳しい気象状況、機体が着水後どれだけの時間浮かんでいられたのか、データとして記録されているはずだった。

大型旅客機ストラトクルーザーが軽傷者5名だけで不時着水に成功したことは、航空機事故史

サンフランシスコからホノルルへ向かうストラトクルーザー

上特記すべきことで、機内の乗客の反応や乗員たちの対応についても知りたかった。
事故について述べる前に、私とストラトクルーザーの出会いから話を始めてみる。

空飛ぶホテルとの出会い

1958年8月12日、全日空707便・羽田発名古屋行、DC－3型機JA－5045が、33名の乗客乗員を乗せて飛行中、「左エンジンの故障のため、羽田に引き返す」と無線で送信した後、伊豆半島の下田沖で消息を絶った。

その時、私は航空大学校の卒業訓練で、羽田空港に来ていた。訓練飛行の傍ら、消えた全日空機の海上捜索にも参加することになった。結局、機体は発見出来ず、翌日午後に墜落が確認された。この事故で乗客乗員33名の命が失われた。新米パイロットだった私には強い印象が刻まれた。少々因縁めくが、27年後の8月12日は日航123便墜落事故という世界最大の事故発生の日ともなる。

捜索から帰還し、羽田空港の滑走路15に訓練機を止めて地上に降り立ったとき、お腹の皮にびりびりと響くような轟音が聞こえてきた。パンアメリカン・ワールド・エアー・ウエイズのストラトクルーザーの離陸だった。プラット・アンド・ホイットニー社製の28気筒R4360（排気量71・45リットル）、1基で3500馬力の巨大なエンジンが4基、総計1万4千馬力の吐き出す爆音である。これが〝空飛ぶホテル〟と私の出会いだった。強力なエンジンで押し切るアメリカ式の飛行機というものを初めて目の当たりにした。

翌日、羽田の整備場の端に駐機されていたストラトクルーザーを見つけ、パンアメリカン航空の整備士に了解を得て、機内に入らせてもらった。

操縦席の広さと内装の豪華さに一驚した。特に操縦席からの視野の広さは、まるで豪華列車の展望室であった。それまでよく見ていたダグラス系の旅客機とは比べものにならないほどの素晴らしさだった。客席は左右に2列だけで客室の通路は現在のジェット旅客機よりもかなり広かったと思う。2階建ての部分を有し、豪華な雰囲気のラウンジ、階下にあるバー、どれを取っても「ゴージャス」の一語に尽きた。客室にしても各席の頭の上には天井側面が開いて、引き出せばベッドになるように作られていた。いすの背が倒され、シートもベッドに早変りという寸法で要するに2段ベッドである。当時の流行歌にも『空飛ぶホテル』の曲名でこの飛行機のことが歌われ、戦後のどん底から立ち上がりつつあった日本人の憧れの的であった。ストラトクルーザーは日本を焦土にしたB－29から発達した旅客機である。東京を焼け野原にして何十万人もの命をうばった東京大空襲の主役、B－29の変身ぶりは見事なもので、驚きを禁じえなかった。同時に日本人の当時の生活からは夢のような感があり、そのギャップは半永久的に埋まらないのではないかとさえ思われた。

戦後1946年から数年というもの、私の中学・高校時代はまだまだ食糧難でいつも空腹感にさいなまれていた。ようやく大学を出て獣医師になったのが1956年だが、飛行機が好きだった私は、その思いを断ちがたく、戦後ようやく米軍の禁止が解かれた航空事業の再開を待って航空大学校に入学した。同年の秋のことである。

当時、航空大学校の訓練機、ビーチクラフトD－18は450馬力のエンジンが二つで、6人しか乗れなかった。2千馬力のB－29よりも更に強力な、3500馬力というとてつもなく大きなエンジンを4基装備していたストラトクルーザーの後ろを、もし訓練機が飛んだりしたら、そのプロペラが生む空気の後流で訓練機などひとたまりもなく吹き飛ばされてしまうのは確実だった。

私もその広くゆったりとした操縦席で、いつか操縦してみたいと夢見たものである。当時の従来型のプロペラ・エンジン大型旅客機を現在のジャンボ機などと比較すると、在来線の寝台特急ブルー・トレインと新幹線の対比に似た感じがする。プロペラ機はなんとなくゆとりを感じさせるものを持っていた。このころのストラトクルーザーは18名程度の寝台が装備されており、男女別々の更衣室が設けられていた。これは初期のアメリカ大陸横断航路に使用された寝台を装備したダグラス社のＤＳＴ（ダグラス・スリーパー・トランスポート）と同じアイデアだった。ＤＳＴは後にＤＣ－３となり世界的な傑作機ともてはやされることになる。

時代が変わり太平洋横断に10時間以上も飛行するストラトクルーザーの階下にはラウンジとバーがあり、宣伝パンフレットによると食事もビーフ・ステーキなどかなり豪華なものが用意されていた。

１９５８年10月、私は日本航空に入社し、翌年からダグラスＤＣ－４型機に乗務し始めた。ＤＣ－４は60席程度で、東京から札幌、占領下の那覇まで、国内線の主力機であったが、与圧装置もなく空調設備も不十分で機内には扇風機しかなかった。暑い時に地上で待たされると機内はまるで蒸し風呂のような状態である。晴れ着を着たお客さんが必死に扇子を使う姿が今でも懐しい記憶として残っている。

１９５９年7月10日、私は羽田に乗務のために出社したところ、当時のＢ滑走路の日航の格納庫前にストラトクルーザーが車輪を出さずに滑走路上にベッタリと座り込んでいた。飛行機の車輪はそう簡単に引っ込まない構造になっている。車輪を出した形跡は全くなかった。とっさには、車輪の出し忘れによる事故とは思い至らなかった。着陸にあたって車輪を出し忘れることなどありえないと思っていた愚かしい〝常識〟が粉々になる光景だった。人間がしでかすミスというものに空恐ろしくなった。

機体そのものには目立った損傷はなかった。もちろんプロペラは大きく後ろにひしゃげ曲がっていたが、それにしてもこの機体がかなり頑丈に出来ていることは間違いなかった。

回りすぎたプロペラ

閑話休題、本題に戻る。

1956年10月15日、パンナム機は、東京からホノルルに着き、乗員を交代させた後、サンフランシスコに向けて飛行する予定になっていた。機体の登録記号はN90943〝Clipper Sovereign of the Skies〟が呼び名である。〝快速機・空の王者〟とでも訳せばいいのだろうか。

機長は当時、1万3千時間以上の飛行経験を持ち、うちストラトクルーザーにも700時間の経験を持っていたベテラン、リチャード・オグであった。

4名の運航乗務員と3名の客室乗務員、乗客は24名である。定員50名程度のストラトクルーザーで少なくとも半数以上の席は空いていた。

ハワイ時間20時15分、客室の扉が閉じられ、誘導路を移動して滑走路端のラン・アップ・エリア（ピストン・エンジンは離陸前にエンジンを温める必要があり、滑走路端の後ろの障害物がないところで、エンジンのテストを行う必要があった）に移動し、離陸準備に入った。北東方向に向かって飛び立ち、最初に上昇できる高度は1万3千フィート（約3900メートル）である。離陸直後は燃料が多く機体が重いので2万フィート（約6千メートル）までは上昇できない。暫くはこの高度を維持することになる。

夜間のホノルルからの出発には独特の雰囲気がある。出発直前まで『アロハオエ』の曲に見送られ、星空のなかに上昇して行く気分は独特で、異国ハワイを実感させるものである。星空の中を旅して、ゴールデンゲートブリッジの出迎えを受け、夜明けのサンフランシスコに到着する。何回飛んでも、気持ちのよいフライトである。

離陸後4時間半ほどしてから、このストラトクルーザーは燃料を消費し軽くなったため、高度2万1千フィート（約6400メートル）への上昇を、短波無線電話を使用して管制機関に要求した。日の出や日没時には、なかなか通じない短波も夜中にはスムーズに通信出来た。希望通りの高度へ上昇が許可され、直ちに2万1千フィートに到達した。

この高度で巡航するために、上昇出力からエンジン出力を下げようとした。機関士がスロットルを絞り、回転を下げるためにピッチレバー（プロペラの角度を変えて回転数を調整するレバー）の操作を始めたとき、突然エンジンが異常な唸り声を発し始めた。身震いするような激しい音が響いた。ストラトクルーザーの乗員たちは、この飛行機のプロペラが過回転に陥りやすいという弱点があることは承知していた。音は甲高くさらに強くなっていった。明らかにプロペラが暴走状態を起こし過回転に陥っている。回転の増加が制御できない状態になったことは明らかだった。

プロペラは翼と同じ理論で推進力を出している。プロペラの断面は翼と同じ形をしていて、回転する速度と飛行機の前進する速度の合成された方向から風を受け、翼の揚力と同じ原理で飛行機を前方に引っ張る推力を発生している。

プロペラの気流に対する角度が小さくなりすぎると、風車と同じ状態になる。要するに、後ろへ空気をかき出せないわけである。エンジンの馬力が推力に変わらず、ただプロペラを回すだけに使われ、回転数だけが増加するのである。こうなるとプロペラは推力を出せないばかりでなく、プロペラが円盤状の板と化したようなもので大きな抵抗になり前進を妨げる。そのために速度が低下し高度が維持できなくなる。

過回転に陥ると燃料消費率も大きくなるため目的地まで飛行できなくなる「ガス欠」の危険性も生じる。また、プロペラのブレード（羽根）が遠心力で抜けて飛散することも考えられ、その衝撃でエンジン自体が脱落する危険もある。

したがって、過回転を何とか抑えなければならない。まずすべきことは問題のエンジン出力を減らし、プロペラのピッチ角を大きくするように操作する（空回りしないようにブレードの空気に当たる面積を可能な限り大きくする）。それと同時に飛行速度を減速しプロペラに当たる風を弱くし、風車状態からの脱出を図る。それでもだめならエンジンを停止して、フェザーと呼ばれる操作を行って無理やりにプロペラの羽の角度を飛行方向に向けて回転を停止させて空気抵抗を減らすのである。

ここまで出来れば成功だが、フェザーに失敗すると危険な状態に陥る。

その場合には、エンジンへの潤滑油の供給をストップしてピストンとシリンダーを焼きつかせて停止するという手荒な非常手段しかなくなる。

事故機の乗員たちは、まず副操縦士がフェザーを試みた。しかし全く回転は落ちなかった。機関士がエンジンを絞り速度を減じさせ、副操縦士はフラップを50パーセントほど出して飛行速度を時速480キロメートルから260キロメートルまで落とし、今度は機長がフェザーを試みた。しかし、過回転は収まらない。この機のような巨大エンジンは通常、毎分3千回転以下で使用する。過去に過回転になったストラトクルーザーの記録では毎分3800回転を超えた数値が残されている。恐らくパンナム機もその程度の過回転に陥ったと推定される（当事はフライトレコーダーが搭載されていなかった）。

速度を落としたため、揚力も減り高度も低下し始めた。機長は使える三つのエンジンの出力を上昇時の出力まで上げて見たが、過回転しているプロペラが抵抗になり、なかなか上昇は出来なかった。

彼らには、エンジンの潤滑油の供給を止めて、ピストンを焼きつかせる手しか残されていなかった。

このままでは次第に高度が低下して、着水せざるを得なくなる。決断を遅らせていると、プロペラの羽が遠心力で抜けて、機体を損傷し、最悪の場合、空中分解の危険もあると機長は考えた。

ここで機長の頭の中をよぎった空中分解の悪夢には、事故の前例があった。余談だが、このエピソードは記しておくべきだろう。

アマゾン上空で空中分解

パンナム機の事故の4年前、1952年4月28日15時06分に、ストラトクルーザー〝クリッパー・グッド・ホープ号〟がブラジルのリオ・デ・ジャネイロから目的地トリニダードトバコのポート・オブ・スペインに向かって運航乗務員5名と客室乗務員4名、乗客41名を乗せて、ほぼ最大離陸重量で出発した。飛行コースはアマゾンのジャングル上空を北北西に飛ぶ予定であった。予定飛行時間は10時間30分であった。

同機はバレリアスの町付近の位置通報地点で、「高度1万4500フィート（約4420メートル）、気象良好、次のカロリナには7時45分通過の予定」と管制機関に通報してきた。しかし、それ以降の通信が途絶え、米空軍、ブラジル空軍・海軍によって直ちに捜索が開始された。

アマゾンの南、山岳ジャングル地帯のことでもあり、機体の発見は思うにまかせず、5月1日になってようやく、アマゾン河口のベレムの南1050キロメートル付近のジャングルの中、ほぼ予定飛行コース上に確認された。米空軍はパラシュート・レスキューチームを現地に送ったが、生存者は発見できず、パラシュート降下しても地形から見て搬出は困難と判断、ベレムに引き返した。

当時はヘリコプターが現在ほど普及しておらず、手軽に使える状態ではなかった。

事故調査関係者は現地に到着するだけでも困難を極め、結局、陸路現場に到達したのは5月16

日を過ぎていた。しかしこのチームも現地には入ったものの移動に時間がかかり、水、食料の不足に悩まされ、人員と装備を増やして本格的調査を始められたのは、事故から約4ヶ月後の8月15日になってからだった。

その結果、判明した事故原因として、2番エンジンのプロペラの羽が飛行中に過回転が原因で飛散し、そのときの激しい振動によって2番エンジンが翼から脱落して落下、同時に左翼が2番エンジンの外側から破断して、空中分解し墜落に至ったと推定された。

余談をもう一つ。1953年12月には同型機の〝太平洋の女王号〟がサンフランシスコから東京に向かう途中、ホノルルを離陸して2時間半後に4番エンジンのプロペラの一枚が飛散した。アンバランスが生じて激しい振動が起こり、4番エンジン自体が取り付け部分からちぎれて脱落したが、何とか最寄の空港に着陸できた。

パンナム機の機長の決断はエンジンを一刻も早く停止することであった。選択肢はそれしか残されていなかったともいえる。機長の指示で、機関士の手によって1番エンジンの潤滑油の供給が遮断され止められた。

潤滑油が断たれてもすぐにエンジンは停止しない。3分から数分ほどは回り続ける。パイロット達はこの3分ほどの時間を、プロペラが飛散して機体を破壊しないか「あたかも永遠のごとくに長く」感じていたと思う。

突然「ドン!」という音と衝撃が機内に轟き渡り、プロペラ・シャフトが破断した。それでもプロペラは空転を続けていた。外はまだ暗く機外の状況は誰にも見えなかった。同時に機内からはエンジンの過回転が生じさせていた恐ろしい悲鳴が消え、エンジンがすべて停止したかと思えるほど急に静かになった。エンジンと切り離されたプロペラの抵抗も小さくなった。
ところがそれでも高度は緩やかに下がり続けていたのである。

救いの船は「11月」

このままでは太平洋の真ん中に不時着水しなければならない。高度が次第に低下しており、その降下率から見ればサンフランシスコまでの飛行はとても無理だった。サンフランシスコのはるか手前で高度がゼロになることは誰の目にも明らかだった。

このストラトクルーザーは、ホノルルとサンフランシスコのほぼ中間地点付近で、沿岸警備隊の定点監視船（オーシャン・ステーション・ベッセル）〝ノベンバー〟（以下「N」船）の上空をすでに通過していた。ホノルルとアメリカ本土間の航空路の、ほぼ中間点の決められた位置に何隻かの船が交代でその地点にとどまって、上空を飛行する航空機に無線標識電波を発信、気象状態などを送信し、緊急時には救助にも当たる。排水量1500トンクラス、全長約80メートル、乗組員約150名の船である。その位置によって、「N」（ノベンバー）、「V」（ビクター）などの記号で呼ばれていた。交信時、誤って伝えられないように、「N」はノベンバーと発音する。日本語でも「イ」を「いろはのイ」などというのと同じである。

私もこの航路を飛行していたとき、何度かこれらの船と交信した経験がある。深夜の洋上飛行には大変心強いものであった。アメリカという国は当時、年間を通じて常に150人もの人員を乗せた船を配置している「ゆとり」があったのだ。安全には金を惜しまない国だと私は感心していた。「古き良き時代」といえるかもしれない。

パンナム機の機長は、「N」船を呼び出し、緊急事態に陥りおそらく不時着水をしなければならないことを説明した。機長は同時に「N」船の周辺の海上の状態と風向風速を尋ねた。ストラトクルーザーは「N」船からビーコン電波を出してもらって、船のほうに誘導してもらい引きかえした。

事故機は出来るだけ降下率を小さくするために残っている3基のエンジンを上昇出力まで出して使用した。ところが今度は4番エンジンが故障にみまわれて出力が低下し始めた。いろいろ手を尽くしても故障した4番エンジンの出力は回復しなかった。高度は徐々に失われていった。

客室乗務員には不時着水の準備を始めるように指示した。乗客は過回転の騒音で眠れる状態でなくほとんどの者が起きていた。全員が救命胴着（ライフベスト）を着用した。

救命ゴムボートも収納部から引き出され、翼の上の緊急脱出口の近くに置かれた。2番・3番エンジンを上昇出力よりも一段階大きい、連続使用できる最大出力に設定した。しかし、4番エンジンの出力低下で、常に方向舵を踏んで機体の横揺れに対応しなければならなかった。幸運にもこの悪条件下でも事故機は5千フィート（約1520メートル）の高度でなんとか下げ止まってくれた。このまま維持できると、機長は判断した。機長はさらに飛行機を軽くするために燃料の投棄を考えていたが、いざ投棄を開始する直前に、別の着想を得た。燃料を出来るだけ使って飛び続け、夜が明けるのを待ってから、明るい海上に不時着するほうが、暗闇の水面に降りるより安全に不時着が出来るはずだ。

そのアイデアを得てゆとりが出来た機長は、以前に読んでいたストラトクルーザーの不時着水時の記録を反芻《はんすう》していた。そこには接水のショックで胴体最後部のドア付近から機体が破断してまっ二つに折れたことが記されていた。

機長はパーサーを操縦室に呼び、彼女に「可能な限り後部座席の乗客を前に移動させ、後部座席を空席にするよう」指示した。彼女は素早くこの指示を実行に移した。

機は「N」船に近づいてきた。船からは位置を発見しやすいように照明弾が打ち上げられた。「N」船からは小型の船が降ろされて、照明用のブイが不時着しやすいように進入コースを示して配置された。

ハワイ時間の午前1時37分、ストラトクルーザーは「N」船上空に到達した。

機長は、まだ2番と3番エンジンには異常がないし、燃料はたっぷりある、船の近くにいるのでいざとなれば不時着水すればよい。明るくなるまで飛行し続けた方が着水しやすいと最終的な判断を下した。気象状態も安定していて、不時着水に一番危険な高波が発生する可能性はなかった。

「N」船の上空を旋回しながら、船とも綿密に連絡を取りながら夜明けを待った。

4番エンジンも停止

ストラトクルーザーの機内は、不時着水の準備をほぼ完了していた。後は明るくなって、海面がはっきり見えるようになれば、不時着水としての条件は最高ともいえる状態であった。

そのとき、突然大きな爆発音が聞こえた。4番エンジンがバックファイアー（逆火）を起こし停止したのである。バックファイアーといっても、排気量70リットルを超える巨大なエンジンのそれは、くしゃみの様な車のエンジンとはわけが違う。機体を揺さぶるほどの大きな音だった。

土壇場でエンジンは2基になり、馬力は半分になってしまった。幸運にも夜明けを待って上空を旋回していたために燃料が消費されかなり機体は軽くなっていた。また胴体に近い対称位置の2番と3番エンジンは快調に働いていたため、推力のアンバランスがないことも幸いした。1千フィート（約300メートル）以下の高度で辛うじて水平飛行が出来た。10分で着水すると「N」船に伝え最後の準備を開始した。機外は明るみはじめ、客室からしだいに外が見えるようになっていた。のちに乗客は、「沿岸警備隊の船が見えたので大変心強かった」と語っている。

午前5時40分、機長はまもなく着水すると船に連絡した。船はすでに小型の救命艇を船から降ろし待機していた。船首を315度（北西方向）に向けて蒸気を出して風の方向を示し、消火剤を海面に散布した。

操縦席では緊急着水に備えて「チェックリスト」に従って準備作業におわれていた。客室も同

不時着水後、救助される乗客たち

じように「チェックリスト」に従って、乗客は危険な物をポケットから出し、眼鏡をはずし、体をかがめて衝撃に耐える姿勢をとっていた。

機体は海面に近づき、やがて水しぶきにおおわれた。機内では突然エンジン音がなくなり、急激な減速感と海が機体をたたく水音にかわっていた。その後、直ぐに静かになり、機体が波に揺られているのを感じたと乗客は語っている。

パイロットたちは座席ベルトを急いではずし、客室に移動した。乗客たちは翼の上の脱出口から機外に逃れ、ゴム製の救命ボートに乗り移り、櫂を使って機体から離れていった。乗員たちは乗客全員が脱出したことを確認して機から離れた。船から降ろされていたエンジンつきの救命艇は、機体後部の破断箇所から機内を点検し誰も取り残されていないことを確認した。全員すぐに「N」船に収容され無事を喜び合った。負傷者は5名だけ、擦り傷で治療の必要はなかった。

〝空の王者〟の機体は、機長の予想通り着水のショックでまっ二つに折れた。そして各々が頭部と尾部を上にして、海中に姿を消していった。乗員乗客は救助された「N」船で2日後にサンフランシスコに無事、搬送された。

航空局では事故の直接原因となったプロペラの過回転については、残骸を回収できなかったために直接調査は出来なかった。しかしこのストラトクルーザーは、プロペラの異常が多発したためプロペラを動かしている油圧システムの改修が指示された。

第2次大戦中、使用されたボーイングB－29は戦後、ストラトクルーザーという豪華旅客機に衣替えを経て太平洋を越えて飛行した。B－29の翼に、当時世界最大の馬力を誇ったエンジンを装備し、豪華な客席の胴体を身にまとったのである。

この大馬力エンジンそのものは、非常に良く出来ていたと思う。実物に何度か触れて見たが、精密巨大機械という印象である。ただ、大馬力を推力に変えるプロペラがマッチしていなかった。そのためにストラトクルーザーはプロペラ事故を頻発し、56機で生産を終了している。

旅客機は力だけでなくバランスが大切だという例証である。また豪華さよりも安全こそが追求されるべき課題だと信じている。

不時着水を成功させたものは何か

不時着水をこれほど見事に成功させた例は少ない。だからこそ、この事故は、不時着水のお手本として世界中で教材として使用されたのだ。

この不時着水の成功には多くの幸運も手伝ったが、乗員たちの粘り強い態度が鍵だったと考えられている。機長が状況を見ながら次々と適切な判断を下していったこと、半身不随ともいえる機体で出来るだけ時間を稼ぎ、より安全に着水できる条件が整うのを、辛抱強く待ったことに大きな鍵がある。

不時着水は昼間でもきわめて困難な操縦の部類に入る。水面がよく見えない夜間着水では、現代の大型機なら着水の衝撃に耐えられず分解水没した可能性が高い。

当事の航空界は「オーシャン・ステーション・ベッセル」など手厚い安全設備にも恵まれていた。

もうひとつ。機長が過去にあった同型機の着水事例をよく学んでいた点が重要だと思う。別の章で触れるが、ユナイテッド航空232便「スーシティ事故」では日航123便事故について研究していた教官パイロットが偶然搭乗していて、操縦不能に陥った機を墜落から救っている。彼らの知識と研究心が高く評価されたのももっともなところである。

ここに科学的な事故調査の社会的な意義がある。飛行機の欠陥は医薬品の副作用のようなもので、隠すことなく公表することによって救われる命はけっして少なくないのである。

第4章　世界最大の死者　ロス・ロディオス空港ジャンボ衝突事故

史上最大の死者をだした航空機事故は、１９７７年3月27日、スペイン領カナリー諸島にあるテネリフェ島のロス・ロディオス（Los Rodeos）空港で発生した。ジャンボ機同士の滑走路上での衝突事故でＫＬＭオランダ航空の２４８名全員が死亡、もう一方のパンナム航空では３９６名の搭乗者中３３５名が死亡、重傷を負ったものが多かったが61名（うち乗務員７名）が生還した。

両機の死亡者は合計５８３名。これは2機のジャンボ・ジェット機の衝突事故であったが、１機の事故としては日航１２３便墜落事故、いわゆる「御巣鷹山墜落事故」の死者が５２０名で、史上最大のものである。

世界最悪の事故はどのようにして発生したのだろう。再発防止の鍵はどこにあるのだろうか。

テネリフェ島といっても多くの日本人には未知の島だろう。カサブランカとダカールの中間あたり、アフリカの大西洋側モロッコの沖１２０キロメートルほどのところに浮かぶカナリー諸島最大の島である。

不運だったパンナム・ジャンボ機

最大とはいえ、長さ200キロメートル弱、幅10キロメートル程度の小島である。沖縄本島を少し太らせた程度であろうか。その南西部には高さ3718メートルのテイデ山と呼ばれる富士山とほぼ同じ高さの山が、国立公園の中にそびえている。島全体に海抜が高く、事故が発生した空港も600メートルの台地に作られている。現在は島の南の海岸近くに新しい空港が設けられ、そちらが主要な国際空港になった。

このあたりは、西経20度付近で西半球に入る。緯度は奄美大島と同じ北緯27度付近にあり、ヨーロッパ、特に北欧の人々にとっては太陽の輝く避寒地として知られており、多くの観光客を集めている。テネリフェ島の隣の島であるグラン・カナリー島には豪華ホテルが多数あり、ヨーロッパのハワイという異名をとる南国の楽園である。

テネリフェ島には世界遺産に指定される「ラグーナの旧市街」があり、観光が主な産業になっている。もともと大西洋の輸送の中継地点であり、コロンブスもこの島に寄航したといわれている。

ハワイと同様、洋上の島の観光地では近年、交通機関は航空機が主要な足になっている。空港としては事故当時、グラン・カナリー島にあるラス・パルマス空港が主な国際空港で、ホテルなどの観光施設も島に集まっていた。観光客は事故の数年前から急激に増加していたようで、ホテルなど建設ラッシュの状態であった。

きっかけは爆弾テロ

1977年3月27日13時15分、ラス・パルマス空港ターミナルビルの中央コンコースの売店に爆発物が仕掛けられ、ビル内部はかなりの損害を受けた。幸い空港当局は事前に爆破情報を入手していたために、8名の負傷者を出しただけで死者は出なかった。

この爆発に続いてカナリー諸島独立運動の急進派がもう一発の爆弾を空港に仕掛けたという情報が入り、空港当局はやむなく空港を閉鎖して爆弾の捜索を行った。

カナリー諸島はヨーロッパ各地から空路数時間で到着できる距離にあり、朝、ヨーロッパ各地を出発した旅客機で、午後にはどこの空港も到着便のラッシュ状態になっていた。ラス・パルマス空港閉鎖の結果、代替空港として利用される適当なところがテネリフェ島のロス・ロディオス空港以外になかったために、ラス・パルマスから約90キロメートル離れた、テネリフェの滑走路に一時的に多くの航空機が殺到する結果になった。

これが史上最大の事故に繋がる第一の引き金であった。

ロス・ロディオス空港は、長さ3400メートル幅45メートルの滑走路を持っているものの、駐機場、ターミナルビルなどの施設は大量の航空機を発着させるには不十分だった。また、航空管制も一時期に多くの航空機を受け入れた経験がなかった。ましてジャンボ機には狭すぎて、管制官などの空港関係者もB－747を扱った経験は少なかった。

ラス・パルマス空港からダイバート（着陸地変更）で次々と飛来する飛行機で、ターミナルビル前の駐機場は一杯になり、滑走路に平行した長い誘導路にも何機かの飛行機が留め置かれていた。そのためにこの平行誘導路は通行出来なくなっていた。そんな込み合った状況下にジャンボ機2機を含む5機が新たに到着したために、もはや駐機場に空いたスペースはなく、仕方なく滑走路12の離陸前の一時的な待機スペースにDC－8、B－727、B－737、KLMとパンナムの2機のジャンボ機が駐機せざるを得なくなった（図を参照）。これでスペースは満杯になっていた。

ここで登場するKLM機とは、KLMオランダ航空4805便、ボーイング747型、登録記号PH－BUF、機長は1947年から航空会社で操縦に携わり、当時50歳を過ぎたばかりで自信にあふれたパイロット、ヴァン・ザンテンだった。

1951年からKLMで働き始め、1万2千時間の経験中1500時間はジャンボ機に乗務し

ロス・ロディオス空港

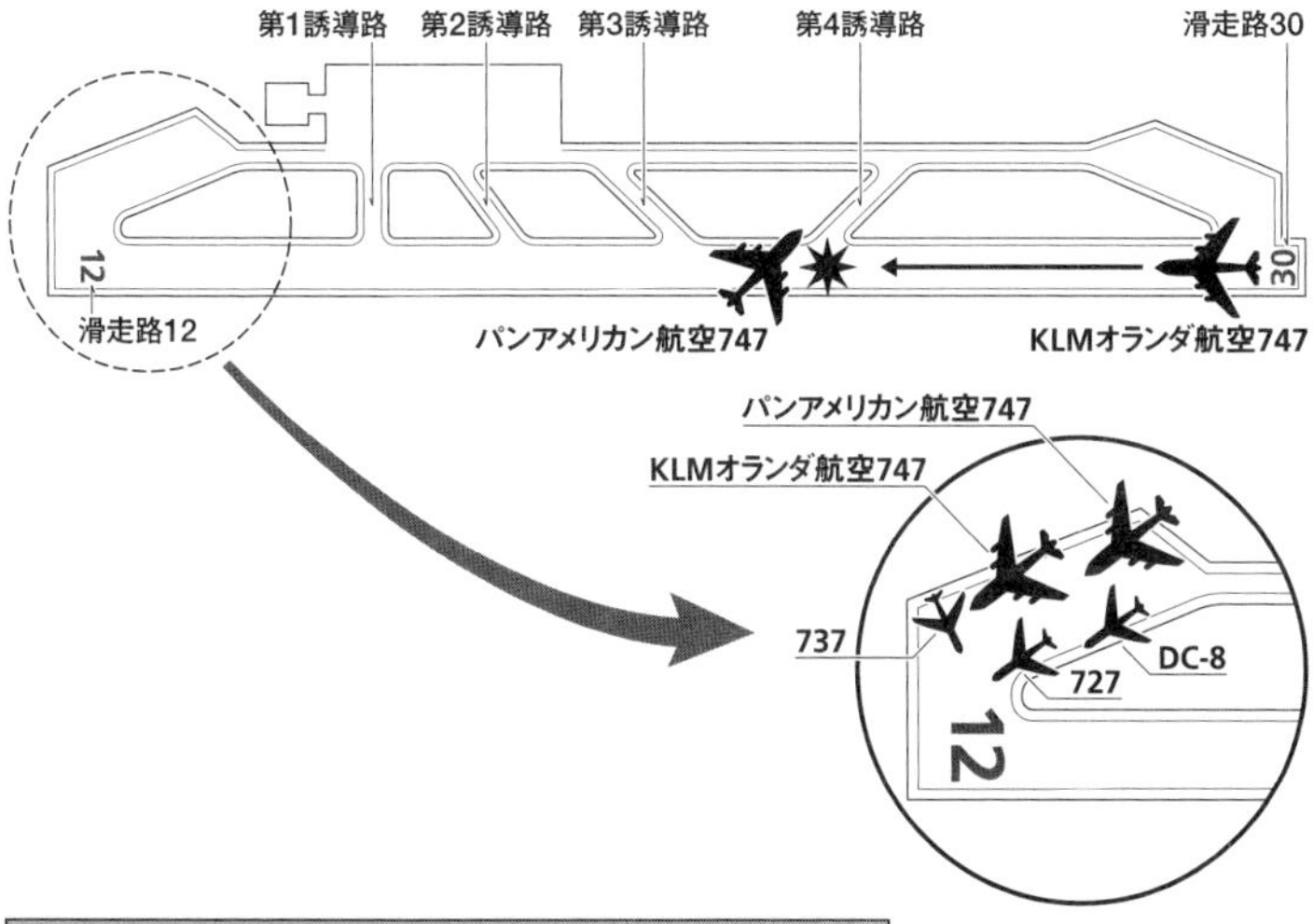
第1誘導路
第2誘導路
第3誘導路
第4誘導路
滑走路30
12
滑走路12
30
パンアメリカン航空747
KLMオランダ航空747
パンアメリカン航空747
KLMオランダ航空747
737
DC-8
727
12

カナリー諸島
大西洋
ロス・ロディオス空港
サンタ・クルス・デ・テネリフェ
テネリフェ島
ラス・パルマス空港
グラン・カナリー島
モロッコ
西サハラ
N
0
100km
0
1000km
N
フランス
ポルトガル
マドリード
スペイン
リスボン
ローマ
イタリア
アンカラ
トルコ
アルジェ
チュニス
チュニジア
カサブランカ
ラバト
モロッコ
トリポリ
カイロ
アルジェリア
リビア
エジプト
西サハラ

ていた。747型機の主席教官であり、その頃はシミュレーター（訓練用の模擬飛行装置）の教官としての仕事が多かった。「なかなかのイケメン」でKLMの機内誌の表紙を飾ったこともある。

この型のジャンボ機は2名しか乗務していないハイテク型とは異なり、機長、副操縦士、機関士の3名が操縦室に搭乗していた。

乗客はオランダ国際旅行のグループ234名である。若者が多く、幼児3名、子供48名、ほとんどはオランダ人であった。

KLM4805便はアムステルダム空港から現地時間13時10分に出発し、ラス・パルマス空港から行先を変更して、低い雲が垂れ込め小雨模様のロス・ロディオス空港の滑走路30（北西に向かう滑走路）に到着した。

滑走路の端まで来て滑走路端で右に曲がり、滑走路12の離陸前の待機スペースに駐機するよう管制官から指示され、B－737型機の横に停止した。

パンアメリカン航空PA1736便、ボーイング747型、登録記号N736PA〝クリッパー・ヴィクター号〟はロスアンジェルス空港を出発、ニューヨークのJFK空港を経由し8時間のフライトで大西洋を越えた396名の乗客を乗せていた。ラス・パルマス空港から、急遽ロス・ロディオス空港へ着陸地を変更せよとの連絡を受けたところだった。乗客は比較的高齢者が多く、グラン・カナリー島で観光船〝ゴールデン・オデッセイ号〟による12日間地中海クルーズに参加する旅行客であった。パンナム機の機長は57歳で飛行経験2万1千時間のベテラン機長、ヴィクター・グラッブスだった。

機長の判断ではラス・パルマス空港の閉鎖は長くはないはずだった。すでに8時間ほどの飛行を行っており、これからテネリフェ島のロス・ロディオス空港に行き、戻ってくるには1時間以上の飛行になる。ほとんどの乗客はロスアンジェルスから搭乗しており、すでに13時間近く機内で過ごしていた。高齢の乗客に負担をかけないためと、燃料も十分あることから管制官にラス・パルマス上空で旋回して待機することを要求した。管制官はこれを拒否したがその理由は明らかにされていない。

もちろん拒否した管制官に責任はないが、これが事故への第2の不幸な引き金となる。

パンナム機もやむなくロス・ロディオス空港に向かい、13時45分滑走路30に着陸し、KLM機の直ぐ後ろに駐機した。先述したようにあまり広くない離陸待機スペースには2機のジャンボのほかに、B－737、DC－8、B－727の3機が加わり合計5機が駐機することになった。この空港はジャンボなどの大型機を考慮して作られておらず二機のジャンボは身動きがとりにくい状態になった。特にパンナムのジャンボ機は周りの飛行機が移動しない限り、身動きが取れなかった。

ＫＬＭ機長を悩ませたもの

この事故には大きな背景があった。その一つがＫＬＭ機の機長の気持ちを急かせた勤務時間の問題である。

ＫＬＭ機の機長は、乗員の勤務時間が会社が定めている制限時間を超えないか心配していた。オランダでは乗務員の勤務時間は厳格に守るように航空局から要求されていた。そのこと自体は乗員の過労を防止する上では安全に寄与するものである。しかし、この機長には精神的な圧迫感が逆効果をもたらした。決められた制限時間を超えると、機長は責任を問われる事があった。その上、当時勤務時間の計算方法が変更され、多くの新しい要素が規程に加えられていた。そのため、ＫＬＭでも疑問があれば会社に問い合わせるように指示が出されていた。

ラス・パルマス空港の再開が遅れると乗員たちはテネリフェ島に一泊しなければならない。そうなると急遽、全乗客２３４名の宿泊場所も手配しなくてはならず、余計な出費を会社に負担させることになる。機長には頭の痛い問題だった。

機長はアムステルダムの運航担当者に短波電話で直接連絡を取り、勤務時間を精査してもらった。まだゆとりのあることが判明し機長の心配事は一つ解消された。

その後まもなく管制塔からラス・パルマス空港では爆弾は発見されず、脅しにすぎないと結論され空港を再開する旨の連絡が待機中の全機に伝えられた。

KLM機の乗客に直ぐに再搭乗するよう連絡されたが、うち1名の乗客だけはテネリフェ島で一泊することにした。彼女はKLM機唯一人の生存者になった。

KLMの機長はラス・パルマス空港で燃料補給する飛行機が多く、燃料補給に時間がかかることを予想し、テネリフェでアムステルダムまで通しで飛行できる燃料を積むことにした。この措置で勤務時間を短縮することも出来ると考えていた。これはアムステルダムの運航担当者からのアドバイスであった。

結果論だが、この判断は事故の誘因ともなった。天候が悪化しつつあったテネリフェで、燃料搭載によけいな時間をかけ出発を遅らせた。この遅れが濃霧に遭遇する結果に結びついたのである。燃料の搭載を始めた頃には、小雨が時々降ってはいたものの、視程（見通し距離）はまだ10キロメートル程度あったが、KLM機が燃料を搭載している間に、気象状態ははっきり悪化し始めていた。

その間に、近くに駐機していたB－737、B－727、DC－8はエンジンを始動させて、2機のジャンボ機の脇をすり抜けるようにして、滑走路に出て行った。これらの機体は途中まで滑走路を走り、途中から誘導路に入って滑走路の南東端に向かっていった。3機は次々と離陸して行った。

パンナム機が出発準備を始め、ロスからの長旅にいささか疲労を覚えていた乗客たちはこれでやっと待望の船旅に参加できると安堵した。同機は管制官にエンジンを始動する許可を求めた。

管制塔からは誘導路がまだ駐機中の航空機で通れないため、KLM機が移動してからでないと滑走路には出られない、しばらく待機するように求められた。

しかし、KLM機はちょうど燃料補給を開始したばかりであった。それが終わるまではパンナム機も出発不可能である。パンナム機の乗員は無線で直接、KLM機に燃料補給にどれほどかかるか確認した。答えは「約35分」だった。

パンナムの機長は苛立ちを覚えていた。ラス・パルマスの上空で待機させてくれさえしていれば、今頃はとっくに着陸していたのに。

パンナム機は前に出発して行ったDC－8など3機のようにKLM機の横をすり抜けられないかと考えた。可能かどうか目測では判断が付かなかった。副操縦士と機関士は地上に降りてわざわざ計測した。やはりそれは不可能だった。パンナムの乗員達は苛立ちを募らせていた。

その上、気象状態はますます悪化して滑走路には霧がかかり始めていた。視程は1・5～3キロメートル程度に落ちていた。テネリフェのロス・ロディオス空港は海抜約600メートルの高地にあり、海から湿った空気が吹き上げられると気温が2～3度は低下するために霧が発生しやすい。

空港の滑走路と誘導路は先の図の通り。滑走路は一本だけで、平行して誘導路が設けられている。滑走路と誘導路の間には滑走路の両端を除いて間に4本の誘導路が作られている。駐機場前の第1誘導路は滑走路に直角につけられているが、他の3本は着陸した飛行機が速いスピードで滑走路から誘導路に出やすいように直角でなく斜め45度の方向につけられターミナルビルの前の駐機場に向かっている。パンナム機が管制塔から指示された3番目の誘導路は逆方向からは直角以上の135度方向を変えなければならず入りにくく、霧が出ると見落としやすい。

ようやくKLM機の燃料補給が終わり、エンジン始動の許可を受けた。その頃、視程はさらに低下して、ところによっては300メートル前後しかなかった。

視程が低下した中、KLM機は駐機場管制（グランドコントロール）から滑走路の入り口まで地上滑走を許可され、管制塔（離着陸を管制する）周波数に切り替えて滑走路を逆走して滑走路30の離陸開始地点に移動することを指示された（著者・滑走路12と30は同じ滑走路で走る方向が異なる、12は南東、30は北西方向）。

以下は管制塔との交信内容である。

KLM　滑走路12を通って、滑走路30からの離陸を要求する。

管制塔　滑走路30の出発待機地点へ移動支障なし……滑走路に入り、三つ目の誘導路から左に滑走路を出なさい。

KLM　了解。今から滑走路に入り……滑走路30の端から滑走路を出ます。

管制塔　訂正、真っ直ぐ進行しなさい……えー……滑走路に……えー……逆走しなさい（著者・滑走路を南東に向かって進みなさい）。

KLM　了解、逆走する（著者・南東に向かって進行する）……当機は滑走路上にいる。

管制塔　了解。
　約30秒後。
KLM　管制官は当機に左に曲がって誘導路に出てもらいたいのか？
管制塔　違います。違います。直進して……あー……滑走路端まで……逆走しなさい。
KLM　了解いたしました。

交信内容から明らかなように、霧で管制塔からは飛行機がよく見えていない。交信内容も「三つ目の誘導路から左に滑走路を出なさい」という指示を「滑走路30の端から出ます」と誤解して返事している。私はスペイン語圏の管制通信を聞いた経験はあまりないが、中国との航空路が開かれたばかりの頃は、中国語訛りの英語が分からず苦労したおぼえがある。スペイン語訛りの強い英語が聞き取りにくかったのかもしれない。誤解にもとづく曖昧な表現が使われていることにも注目したい。「三つ目」という表現は濃い霧の中で分岐点を見落とすことも考えるなら適切な言葉づかいではない。誘導路の番号で確認することが必要になる。しかし、誘導路の番号については明確な表示がなかったのである。

パンナム機も出発準備を完了し、管制塔に移動（地上滑走）の許可を求めた。滑走路の入り口まで移動した頃には霧が濃くなり、管制塔からは滑走路も問題の2機のジャンボ機も全く見えない状態にあった。

パンナム機と管制塔との交信は次のようなものであった。この交信はＫＬＭ機と同じ周波数であり、両機ともお互いに交信はモニターできていた。

パンナム　管制塔に連絡するよう、指示されました。我々も滑走路を使って移動するのですか？

管制塔　その通り。滑走路に入り、三つ目、三つ目を左に曲がり滑走路から出なさい（著者・この送信の背後から、会話が聞こえることがボイスレコーダーに記録されている。オランダ側の事故調査ではサッカーの放送ではないかといわれている）。

パンナム　三つ目を左、了解。

この直後、機関士が「3番目、と言っている」と再確認している。これに対して、機長か副操縦士のいずれかが「スリー」と答えている。

管制塔　…アード（著者・「…ird」サードの頭が切れたものらしい）。3番目を左。

この送信に対して機内では機長が「ファースト（最初）といったと思う」、副操縦士「もう一度聞いてみよう。左に……」などの会話がボイスレコーダーに記録されている。

さらに機長は気象状態を考えて離陸制限以下ではないかと危惧してか「管制塔は離陸可能な最低気象条件を全く知らないようだ。今日の管制塔はどうなっているのかな？」などの会話があり、明らかにパンナム機も管制塔の指示が聞き取りにくく、その指示の内容にも不安を感じていた。

管制塔　KLM4805、誘導路はいくつ過ぎましたか?

KLM　4番目を過ぎたと思う。

管制塔　OK。滑走路の端で180度方向を変え……あー……航空路の飛行許可（ATCクリアランス）の受け入れ準備が出来たら、知らせなさい（背後に会話が聞こえる。この管制官の通信に対するKLM機の返答はボイスレコーダーの書き取り記録には書かれていない）。

一方、パンナム機の機長は空港の小さな図面を膝に乗せて確認しながら地上滑走をしていた。副操縦士が「1番目（の誘導路）は90度曲がっている」と確認し、機長は「そうだ、その通り」と応じている。

副操縦士　あれが3番目に違いない。もう一度、管制官に聞いてみよう。

機長　オーケー。

機長　たぶん我々はあれに入れる……。

副操縦士　90度方向を変える。

機長　うん?

副操縦士　90度曲がって、この先のあれだ。これは45度だ（著者・副操縦士は自機の位置がわからなくなっている様子だ）。

パンナム　確認しますが、3番目の角で曲がればいいのですね？

管制塔　3番目です。1、2、3！　3番目です。

操縦席では3名の乗員が、3番目といわれても具体的にどの誘導路が3番目か分からなかった。機関士は「まだ過ぎていない」といっているのが記録されている。機関士はスペイン語で1、2、3、と数えてみたりしていた。管制官は衝突の3分前の午後4時33分50秒ごろにパンナム機を2度呼び出したが返答はなかった。パンナム機は離陸前のタクシーチェック（点検）を行っていた。

KLM機は滑走路の中心線を示すライトを点灯するように管制官に求めた。管制官が確認の結果、滑走路中心線ライトは不作動であることが判明し、両機に連絡した。

滑走路中心線ライトは離陸が許される最低気象条件に影響をおよぼすため、視程が悪い時に不作動の場合、離陸の最低気象条件が引き上げられ、状況によっては離陸できなくなる。この時点で最低気象条件は両機とも離陸可能な状態であった。

その頃まだパンナムの機内では、

機長　あれが2番目の誘導路だ。
機関士　そうです、あれは45度だ。
副操縦士　左にあるのがそうだ。
機長　ウン、分かっている。
機関士　次も45度のようだ。
機長　しかし、あれは向かっているのは……誘導路（著者・滑走路と平行な誘導路の意味か？）に向かっている。
機関士　管制官もこれを3番目といったのではないかな。

この様な会話が30秒ほど続いている間に3番誘導路の交差点を通り過ぎていた。パンナム機は4番目の誘導路に向かっていた。

離陸を急ぐ理由

KLM機は滑走路30の離陸開始位置に到着し、離陸前の点検リスト（チェックリスト）を完了、機首方位を滑走路の離陸方向（北西）に向けた。
間髪を入れず、機長はエンジン推力を増加させ離陸を開始しようとした。副操縦士が「ちょっと待ってください。航空路の飛行許可（ATCクリアランス）を貰っていません」といい、機長は機体を止めていったん離陸を中止した。

16時35分08秒　KLM　離陸準備完了。飛行ルートの指示を待っている。

管制塔　KLM。〝papa〟無線標識まで飛行支障なし。9千フィート（約2700メートル）まで上昇しその高度を維持しなさい。離陸後、右に旋回し、ラス・パルマスVORのコース325度に乗るまで、機首方位40度（北西方向）を保ちなさい。

管制官はKLM機に飛行ルートと上昇経路に関する飛行許可（ATCクリアランス）をだした。KLM機の副操縦士はこれを復唱して管制塔の再確認をしていた。

その間に機長は離陸許可「Cleared for take off」と勘違いして「レッツ・ゴー」と叫びながら離陸を開始してしまった。機長は機関士に向かって「エンジンの推力確認！」とオーダーした。この段階で機長が離陸を開始したことは異常としかいいようがない。離陸は管制官から「Cleared for take off」という言葉を聞かない限り行ってはならない。着陸の時には「Clear to land」（着陸支障なし）という言葉を確認しない限り行わない。聞き間違えないように、「cleared for」と「clear to」とわざと言葉を変えている。これはパイロットにとっては、最も基本的なことである。

教官をしている経験豊かな機長が冷静な心理状態でこれを忘れるはずはなく、よほど心理的な動揺があった事を示している。
ATCクリアランスが来たら、それを復唱した後、乗員全員で再確認して、高度通過する航法施設の周波数の確認、コースのセットなどを確認してから離陸を開始するのが通常の手順である。
副操縦士が飛行許可の復唱を終えた時には離陸を開始して6秒が経過していた。そこで副操縦士は「We are now at take off」と曖昧な意味の言葉を送信している。「目下離陸中」という意味かもしれないが、航空管制ではあまり使わない言葉である。
この言葉を管制官は「Ready for take off」(離陸準備完了)と誤解して、OKと答えてしまった。

管制塔　OK。離陸は待ちなさい。再度呼びます。
パンナム　だめだ！　我々はまだ滑走路上を移動中です。

KLM機の管制官への交信を傍受して危険を察知したパンナム機の緊張した送信「だめだ！我々はまだ滑走路上を移動中です」が、管制官からKLM機に発信された「離陸は待ちなさい。再度呼びます」にかぶさってしまったのである。KLM機には重なって発信されたときに生じる「キーン」というような雑音だけが聞かれ「離陸待て」の指示はついに届かなかった。

管制塔　パンナム了解した。滑走路から出たら報告してください。

パンナム　オーケー、了解しました、滑走路から出たら報告します。
管制塔　ありがとう。

この部分の交信はKLM機でも聞くことが可能であった。事実KLM機の機関士は聞いていたと見られるが、離陸に神経を集中していた機長・副操縦士の耳には入っても、情報として受け入れられていなかった。

KLM機の操縦席では衝突の15秒前、KLM機が離陸を開始してから20秒過ぎた時で、次のような会話が記録されていた。

機関士　これでは彼ら（パンナム機）は滑走路からまだ出ていないのでは？
機長　何て言ったの？
機関士　パンナムはまだ滑走路から出ていないのではないですか？
機長　出たよ。
副操縦士　出たよ。

一方、パンナム機の操縦席では、機長はKLM機の離陸が迫っており、滑走路上にいることに不安を感じていた。パイロットは一般に、自分が離着陸を行うとき以外は滑走路から離れていたいという気持ちが強い。まして、この天候のもとでは不安はいや増す。

機長は他の乗員に「ここ（滑走路）から直ぐに出よう！」と呼びかけた。副操縦士も「彼ら（ＫＬＭ）が不安だ」。機関士も「今回は、あれに行く手を押さえられ続けてきた。今は彼ら焦っているから……」と同調した。

次の瞬間、パンナムのパイロット達の目に霧の中から、ＫＬＭ機のライトが真正面に迫って来るのが見えた。初めはぼんやりとそして次第にはっきりと。明らかに恐ろしい速さで迫ってきている。彼らも不安を感じてはいても、まさか現実に目にすることになろうとは思ってもみなかったライトの輝きである。

機長は「見ろ！　来やがった！」と大声で叫んだ。続いて激しいののしりの言葉を吐いた。同時に機長はとっさにエンジンを全開にする。機体を滑走路の左側にとび出させようと試みたのだ。副操縦士も「来るな！　来るな！」と叫んだ。彼はＫＬＭ機の機首が離陸姿勢に引き上げられたのを見た。

ＫＬＭ機の副操縦士は速度計を見つめ続けていた。速度が増加しＶ１速度に近づいていく。16時36分47秒、機長の叫び声がボイスレコーダーに録音されていた。

最後に副操縦士が「ブイ・ワン」（Ｖ１はエンジンに異常が発生しても、それ以降は離陸を継続してよい速度）と速度を機長に報告する声が残されている。

遅すぎた。ＫＬＭ機は機首上げが許される「定められた速度」（ローテーション速度）に達する前に機首を上げすぎたために、滑走路上に火花を散らしながら尾部をこすり付けていた。速度は１４０ノット（時速約２６０キロメートル）に達し、主車輪も何メートルかは浮き上がっていた。

16時36分50秒、両機は衝突した。

パンナム機は滑走路から出るための第4誘導路の直前で滑走路をふさぐように左斜め45度ほど横を向いていた。機首が滑走路の縁から出かかった状態にあり、後30秒もあれば滑走路から出ていたろう。そこに機首を上げ、パンナム機の約80メートル手前で機体が滑走路から浮かび上がったKLM機が乗りあげるような形でぶつかった。前車輪はパンナム機の胴体を飛び越えたが、3番エンジンがパンナムの2階席、最後尾付近に激突し、尾部を左端の1番エンジンで叩き壊し、左翼で垂直尾翼をなぎ倒した。両方の4本の車輪でパンナム機の胴体を引き裂きながら飛び越えていった。

KLM機の4番エンジン（右の外側）はパンナム機の操縦席の直ぐ後ろの部分の天井を剝ぎ取った。火災が発生したので副操縦士が操縦席の天井にあるエンジンの消火器関係のレバーを引こうとしたが、すでに天井自体がなくなっていた。

続いて、操縦席と2階席の床が崩れ滑走路上に落ちた。負傷した乗員たちはKLM機が飛び込んできたのと反対側、左側に出来た裂け目から機外に逃れた。

KLM機の胴体下部がパンナム機の胴体にのしかかりこれを切断した。1階客席の右側のシートに座っていた乗客の多くは、即死だったと推定される。そのほかの部分では激突のときに生き残れた人も逃げるまもなく火に包まれたものと見られた。

何人かは左側の翼の上の脱出口から機外に出たものの、結局飛び降りなければならず、足を骨折するなどの傷を負った。脱出は短時間しか出来なかった。1分後には火に囲まれて、脱出は不可能になった。最終的には70名が脱出出来た。

KLM機の機体はアムステルダムまで飛行できる多量の燃料を撒き散らしながらパンナム機を飛び越えた先の滑走路150メートルほどの地点に激突している。さらに滑走路上に300メートルほど機体をこすりつけ、破片をばら撒きながら尾翼部分が90度左に向いた状態で、激突地点から450メートル、滑走路端から2335メートルの第3誘導路入り口を100メートルほど行きすぎた地点で停止した。その先端部分に尾翼と胴体の一部の残骸がそれらしい形を残しているにすぎなかった。

KLM機に搭乗していた乗員乗客248名の命が奪われた。テネリフェで、降機した女性1名だけが難を逃れた。

衝突地点はKLM機が離陸しようとした滑走路30の端から、1885メートルの地点とされている。パンナム機がKLM機を視認したのは衝突地点の約580メートル手前であったと見られ、見えてから8~9秒後に衝突したと推定されている。KLM機の離陸開始からはおよそ40秒後の出来事であった。

見えなかった大事故

濃霧のために管制塔では衝突も連続した爆発・火災も視認は不可能だった。

駐機場にいた航空機から、「霧の中から火が見えた、正確な位置と原因はわからない」との報告が管制塔に入った。

管制官は直ぐに消火・救難機関に火災の警報ベルで知らせた。ところが消防車にも正確な火災の位置がつかめず、とりあえず何時でも出動出来る態勢で待機せざるを得なかった。その後近くにいた空港関係者から、消防ステーションに「火災は駐機場の左側だ」との通報があったが、まだ曖昧な情報に過ぎなかった。

消防車が駐機場の飛行機を縫うようにしてとりあえず出動した。霧の中を進んでゆくと前方が赤く見え、消防車の中でも熱気を感じた。猛火の中に垂直尾翼と方向舵が見えた。

消火を開始した。霧が少し薄くなり、もう一箇所火が燃え上がっている場所を発見し、何台かの消防車がそちらに向かった。燃料は慣性のために進行方向に飛散する、その結果、一番前方に飛ばされた機体の尾部は大量の燃料をかぶり、激しい火災のため生存の可能性がないと判断し次に発見された部分に消火能力を集中した。この結果、パンナム機の左翼の燃料タンクを火災から守り、消火後20トン近くの燃料がタンクの中に残されていた。これが炎上していたらさらに激しい火災になっていた。

救急車が5台、消防車の後について現場に到着した。もともと大きな事故に備えて地元救急隊との協力が前提となっていたために、逸速く市の救急隊が加わり、負傷者を市内の病院に運んだ。パンナム機で317名の乗客と9名の客室乗務員が死亡した。70名が脱出できたが、うち9名が後に病院で治療の甲斐なく亡くなった。その結果この事故による死亡者は583名という記録になってしまった。生存者61名全員がパンナム機の搭乗者である。

膨大な数の遺体を収容するために、近くの格納庫が使用されたが、当時の写真を見ると足の踏み場もないほどの棺が隙間なく並べられている。そっくりの光景を8年後の日本で見ることになる。

パンナム機の運航乗務員は操縦室に同乗していたテネリフェの同社職員とともに全員生存している。一方、KLM機の運航乗務員は遺体の損傷が激しく、検死も不可能だった。この事故の直後にシンガポール空港で出会ったドイツ人パイロットの言葉が忘れられない。

「もし自分がKLM機長の立場だったら、死んでよかったと思うだろう。かつて事故で乗客に怪我を負わせたことがある。今でも苦しい」と一息ついてから、「583人もの人の命を失わせたら、とても生きてられないよ。日本人の君ならハラを切るのか?」。

大規模な事故調査団

この事故の関係3ヶ国——発生場所であるスペイン、パンナム航空とボーイング社のあるアメリカ、KLMのオランダ——が事故調査に参加した。両機のボイスレコーダーは回収され、事故原因の解明に大きな役割を果たした。

この事故では誘導路の見落としが問題になっているが、ジャンボ機のような大型機を3番の誘導路に入れるのは135度の方向変換が2度も必要で、あまり適切な誘導路の使い方とはいえないように思われる。まして霧の濃い時には不適切である。事故当時はジャンボ機などがめったに来ないところであったため、止むを得なかったかもしれない。

再発防止の観点から大きな問題点は4点あった。

何故、経験豊かなKLM機の機長が離陸許可を得ないで離陸を開始したか？

何故、管制官はパンナム機に、ジャンボ機には適当とは思えない135度の方向変換が2度も必要な3番誘導路を指定したのか？

何故KLM機の乗員たちはパンナム機がまだ滑走路にいるという重要な情報を聞き逃したのか？

何故、KLMの機関士が「パンナム機がまだ滑走路上にいるのではないか」と操縦士たちに指摘したにもかかわらず、操縦士が二人とも根拠もなく否定して、離陸を続けたのか？

4つの「何故」が調査の初期に提起された。

問題点は明らかに、コミュニケーションの欠如にある。管制官と両機、KLM機とパンナム機、それぞれの操縦席の乗員相互の意思疎通に欠落があった。さらに濃い霧による視程（見通し距離）の悪さが大きく関与していたことはいうまでもない。

ボイスレコーダーは両機から回収され、管制官の録音ともあわせて確認された。何が決定的な問題点だったたか、答えは明瞭だった。KLM機の大ベテラン機長が何故、最も基本的な点である「Cleared for take off」（離陸支障なし）を確認しなかったかである。

そこには明らかに誤解、錯覚、忘却などの「ヒューマン・エラー」が絡んでいる。この事故の背景には、誰もが陥る可能性のある人間の心理的な弱点が深くかかわっている。

操縦席には機長、副操縦士、機関士の3名が乗務していた。操縦席ではこの3名が常に自分の業務をこなしながら、お互いのミスなどを相互に注意し合うのが基本的な安全を守る重要なルールである。特に操縦士とやや異なった業務を担当している機関士の役割は大きい。パイロットは同じような訓練を受け、同じような考え方をし、同じような誤りをする傾向がある。機関士はパイロットと異なった観点でものを見ているため、パイロットの見落としや誤りに気がつくことが多い。パイロットは全般的な注意を払っているが、細かくデジタル的にはものごとを見ていないケースもある。私個人は、パイロットはアナログ的であり、機関士はデジタル的であると感じている。私も何度か機関士から適切なアドバイスを受けて助けられた経験がある。

衝突回避のチャンス

ＫＬＭ機の機長は10年以上もパイロットの教官をしており、社内では高い地位にあった。教官としての仕事は主としてオランダ国内の訓練空域と飛行場での離発着が多く、またシミュレーターの教官として働く間は、通常の路線飛行の経験が少なくなる。

友人の教官パイロットからも「教官業務ばかりしていると、人に教えるばかりで、自分で離着陸を操縦する経験が少なくなる。時々リフレッシュする必要を感じる」と聞かされていた。この事故に関して、別の教官は「シミュレーター訓練では管制との交信も必要でなく、自分で離着陸の許可を出したりできるような錯覚に陥ってしまう事もあるのではないか？」と話してくれた。

また、ＫＬＭ機の機長は乗員の勤務時間を気にしており、早くアムステルダムに帰りたいという気持ちが強かった。願望が強いと管制の指示などを自分に都合のいいように聞いてしまう、「Wishful hearing」（希望的幻聴覚？）と呼ばれる思い込みが生まれやすい。

副操縦士はＤＣ－８の機長から移行してきたばかりで、ジャンボ機での飛行経験は95時間しかなかった。事故機の機長は彼にジャンボ機の教育訓練を行った教官だった。そのために機長に対してはいくらか遠慮がちだっただろう。

ＫＬＭ機が離陸を思いとどまるチャンスは何度かあった。

1回目は16時35分頃、滑走路の端で180度旋回し離陸方向に機首を向け、機長が無意識にエンジンの推力を上げたのを見て、副操縦士が「ちょっと待ってください、まだ航空路の飛行許可（ATCクリアランス）をもらっていません」と離陸を止めたときである。機長もブレーキを踏んでこのときは離陸を思いとどまった。普通なら、これ以降、離陸には慎重な上にも慎重にあたるべきである。

2回目は副操縦士が航空路の飛行許可と上昇経路の指示を管制官からもらい、それを復唱している間に、機長がブレーキを外し、異常な拙速をもって離陸を開始してしまったときである。もはや機長を押しとどめる術もなく、ひきずられるように副操縦士が管制官に「We are now at take off」とあいまいな表現で送信している。これは管制上、通常の交信に使われる言葉ではない。管制官は「離陸準備完了」と誤解して、「ＯＫ」と許可してしまった。このとき、再度副操縦士は機長にストップをかけるべきだった。

この「ＯＫ」をＫＬＭ機は「現在離陸中」に対する承認と受けとってしまっている。言葉を適当に使い、適当に解釈していたのではコミュニケーションは成り立たない。パイロットと管制官が正確な用語を使わなければならない理由がここにある。

このＫＬＭ機と管制官の交信を聞いていたパンナム機が危険を感じて急いで「まだ滑走路上を移動中」と送信したが、急いだためにこの送信はＫＬＭ機への管制塔からの「離陸待て」の指示に割り込む形になり、ＫＬＭ機には二つの電波が重なり、雑音しか聞き取れず、管制官の「離陸待て」の指示は届かなかった。

管制塔はパンナム機に対して「了解、パンナム1736便は滑走路から出たら報告するように」と指示、パンナム機は「オーケー、滑走路から出たら報告する」と答え、管制官は「ありがとう」と応じている。

KLM機パイロットたちがこれらのパンナム機との交信を注意深く聞いていれば、パンナム機がまだ滑走路上にいたことは容易に認識できたと思われるが、人間が思い込みから逃れるのは難しい。

3回目のチャンスはKLM機が離陸を開始して20秒後にあった。パンナム機と管制塔の交信を聞いたKLMの航空機関士が、パンナム機はまだ滑走路にいるのではないかと不安を感じて「パンナム機はまだ滑走路から出ていないのではないですか?」と機長たちに確認を求めたときである。この時点ならまだ離陸を中止することは可能だった。それに対し機長、副操縦士とも「彼らは出たよ」と自信に満ちた返答だった。二人ともパンナム機が滑走路から出たことを確認していない。パンナム機が滑走路から出たと断定したのは典型的な思い込みである。

ここに至って引き返す術はなくなってしまった。悲劇まで、あと20秒である。

何故離陸を継続したか

人間はミスを犯す動物である。人間からミスを無くすことはできない。とはいえ、一連の行動のなかで最悪の重大ミスを3回も連続することはまれである。しかしこの事故では重大ミスが3

回連続した。そこには我々がしばしば陥る「思い込み」の恐ろしさがある。これは日常生活で誰もが経験するところである。

ＫＬＭ機の機長は「離陸は許可された」と思い込んでしまっている。あるいは、「パンナム機は滑走路から出てしまっている」というのも思い込みである。人間は思い込んでしまうと、後からそれを否定する情報を見ても聞いても、見逃し聞き落とす傾向がある。

私も一度経験している。平行滑走路で2本のうち右の滑走路に着陸許可が出ているのに、誤って左の滑走路に着陸しようとした。目の前に見える滑走路を正しいと思い込んでしまうと滑走路の端に大きな白い字で書かれた「R（右）」、「L（左）」という文字を見ていても誤りに気がつかない。機長も副操縦士の私も気がつかなかった。そのときは機関士に後ろから「左じゃなくて右じゃないですか?」と注意されて気がついた。すぐに正しい滑走路に戻したが、思い込むと大きく書かれたLの字が目に入っていても、それが右だと疑わないものである。滑走路ではない誘導路に着陸してしまった「思い込み」の猛者もいる。その例でもパイロットは二人とも、滑走路の着地点を示す白いマークがないにもかかわらず、着陸してはじめて「ない」と気がついたと述べている。

次に、判断基準を誤るという問題がある。パイロット達は常に安全第一を判断基準としなければならない。ところが、時間を気にしすぎると安全よりも無理をしても決められた時刻に着こうとしてしまう。これはあってはならない事で、２００５年4月25日、ＪＲ西日本・福知山線で起きた脱線転覆事故では、もともと無理なダイヤが組まれ、それに従わざるを得ないような運転者の管理が行われていた。明らかに安全第一でなく時間短縮優先に判断基準が置かれていた。

日本航空でもジャンボ機が就航して間もない頃、東京の空港閉鎖時刻に間に合わせようと、アンカレッジ空港を無理して出発し、凍結した誘導路から滑落した事故が起きている。このときは東京からパイロットに対して定刻時刻に間に合うように帰ってくるように指示が出され、乗員の判断基準を「安全第一」から「効率優先」に変更するように圧力が掛けられたわけである。福知山線事故と同じ範疇に入るケースと言えよう。

判断基準の最も大きな誤りは「経費を減らす」というコスト意識である。この事故の場合、機長は経営者側に立たされているパイロットであった。天候が悪化して離陸できなければ、乗客乗員のホテルの手配、乗員の稼動の低下など余計な費用がかかる。経済性を優先し安全性を後に回して無理を重ねても離陸しようとした。

ベテラン機長、特に教官、査察乗務員に対するミスや誤りの指摘は副操縦士、機関士にとっては勇気がいる。KLM機の機長は社歴も古く、長年教官の経験があり、KLMを代表するパイロットであったために、機関士が勇気を持って誤りを指摘しても「何ていったの?」と聞き返され、副操縦士まで一緒に「滑走路から出たよ」と自信を持っていい返されると、機関士としてはエンジンの推力レバーを引き戻して「もう一度確認してください」と離陸の中断を迫ることは困難であったろう。社内的に地位の高い人ほど謙虚にならないと誤りを指摘されなくなる。

パンナム機側の交信内容を見ると、濃霧の中で滑走路上に2機の飛行機がいることに不安があったのは疑いを入れない。そのため滑走路から出る誘導路の位置に神経を集中していた。しかし、

3番目の誘導路といわれても、大きな機体のジャンボ機を狭い3番目の誘導路上に入れるために135度の方向を変え滑走路の端でなく一度、駐機場の方に戻り、再び135度の旋回をして滑走路端に向かうような指示が出ているとは思わなかったとしても不思議はない。私がその場にいても管制官の指示には疑問を持ったと思う。また誘導路の入り口は霧のために見難かったはずである。そこへ45度だけ方向転換すればよい4番誘導路の入り口が見えたのだから、そちらが管制官の指示した誘導路と思ったのだろう。135度の切り返しを2度も指示するようなことはないはずだという思い込みがあったかもしれない。

管制の問題点

事故発生時には管制官も、衝突した両機もお互いに視認出来ない状態にあった。地上の航空機の位置をモニターできる地上管制用のレーダーは設置されていなかった。したがって管制官にとって唯一の飛行機の位置を知る手段は無線通信に頼るしかない。

管制官とパイロットのコミュニケーションが安全を握る唯一の鍵になる。しかし、管制官と航空機の交信は必ずしも正確には行われていない。標準的な用語を管制官もパイロット側も使っていない。誤解を生じやすい曖昧な言葉が使われていたことはすでに指摘した通りである。

視程が悪い時には、滑走路上に2機を同時に置くことは出来るだけ避けなければならない。ロス・ロディオス空港の管制官の労働条件もあまり良くなかったといわれている。その上、爆弾テロによって突然多くの飛行機が空港に押しかけ、本来飛来しないジャンボ機にまで対応しなければならなかった。そのために高いワークロードの下で一日中忙しく働いていた。

空港の施設についても誘導路の標識が設置されていないなど問題は多い。これではロス・ロディオス空港に離発着の経験の多い者でないと、霧などの悪天候時には自分の位置を認識できなくなる。

1960年代のロンドン・ヒースロー空港では誘導路にも滑走路にも操縦席の窓から見下ろせる位置に「ブロック番号」が書かれた札が立てられていた。空港の地図にブロック番号が示されていれば、霧がいかに濃くても自分の位置は確認できる。ブロック番号を連絡すれば管制官も的確に飛行機の位置を把握出来るように配慮されていた。

だが、一番の問題点は、当事者たちに交わされた言葉の不適切、不用意、不徹底な点にあろう。ひいては、これがコミュニケーションを著しく阻害した結果、事故を招いている。ロス・ロディオスのように、霧によく包まれる空港ではその対策こそが必要だった。この事故でも、もしも霧がなく視程がよければ、管制の指示を誤解しても目前にジャンボ機が見えれば離陸を開始することなどありえない。問題は霧が濃い場合である。地上管制のレーダーがなければ、管制官は乗員との密接なコミュニケーションだけが一本の命綱となる。事故を回避するには通信に使われる用語を簡潔にし、誤解の生じる余地をなくすることが不可欠なのである。

ここでは史上最悪の衝突事故の背景にある人間の弱点について考えてみた。日常生活でも仕事の上でも、誰もが陥るミスである。忘れてはならない人間の弱点ではないだろうか。

第5章　DC－10・スーシティ事故が見せた41分間のドラマ

1989年7月19日14時09分（中部夏時間）、ユナイテッド航空・DC－10機232便はデンバーのステイプルトン空港を離陸し、シカゴ経由でフィラデルフィアに向かって高度3万7千フィート（約1万1千メートル）で巡航飛行していた。

乗客285名、乗員11名が搭乗していた。

15時16分、離陸後1時間07分が過ぎチキンナゲットの昼食が終わりに近づいていた機内で、大きな爆発音が轟き機体が激しく振動した。しばらくは機体に身震いのような振動が続いた。通路を歩いていた客室乗務員の一人はその衝撃で転倒した。

計器の表示から尾翼についている2番エンジンが停止したことは明らかだった。機長の指示で行なった2番エンジンへの処置の結果、機関士が油圧系統を作動させる油が無くなっていることに気がついた。

操縦していた副操縦士が「操縦できない」と叫び、機体はパイロットの意思に反して右降下旋回に入っていた。

副操縦士に代わって機長がすぐに操縦桿を握ったが、操作しても機体は反応しなかった。機長

ＤＣ－10の同型機

が１番エンジン（左翼に１番、右翼に３番エンジン）の推力を減らすと機体は水平になったが、降下を続けていた。

乗員たちは空気の動力で作動する、第一系統の油圧ポンプを動かしたが作動油がなくなっていたのでポンプは動いても圧力は上昇しなかった。このケースのほうが第６章で取り上げた全てのエンジンの停止よりも致命的な事故であるといえる。

操縦士はすべての操縦手段を奪われてしまった。ここからパイロットによる41分間の戦いが始まった。

特異な形の３発機

ダグラスＤＣ－10という旅客機をご存知の読者も多いだろう。わが国の航空会社でも使用されている。旅客機の歴史の中で事故発生率の高さで悪名をはせたＭＤ－11は日本の航空会社からは姿を消したが、それについで事故発生率の高さを誇った（？）機体である。

ＤＣという略称はダグラス社で製作された商業用機の記

号である。DC－1は12人乗りの旅客機としてTWA（トランスワールド航空）の注文で1機だけ作られ1933年7月1日に初飛行し、大変優れた性能を発揮し好評だった。これがDC－2型に進化し、やがて史上最高の旅客機といわれたDC－3に発展した。

このDCシリーズの最後となったのがDC－10である。ダグラス社はそれ以降マクダネル社に吸収され、直後に作られた機体はMD－11と命名され、DCとしては10で終わっている。

この機体は全部で三つのエンジンを持ち垂直尾翼の根元部分に一つ搭載し（2番エンジン）、あと二つは両翼にぶら下げるという特異な形をしている。その特異性は、垂直尾翼の2番エンジンが両翼の下にある1番3番エンジンより、かなり高い位置にくるという結果を生んだ。そのため2番エンジンの推進力を増せば上から押さえこむかっこうになって機首が下がる。逆に2番の推力を減らすと機首が上がる特徴がある。翼についた1番3番エンジンをふかすと下から持ち上げるかたちで機首が上がり、絞れば逆の動作になる。

最初からやや難しい話で恐縮だが、この点をよく理解していただかないとこの事故の本質は理解しにくい。

基本操縦系統といわれる、機首の上下、傾き、方向の操縦は現代の大型機ではすべて油圧の力で行われている。クルマでいうところのパワーステアリングと考えていただきたい。

油圧系統が破壊されると、パイロットの意思を機体に伝える方法は、エンジンの推力による操作しか残されていない。

左右の推力を変えれば、スムーズというわけには行かないが、少ない推力の側に旋回し、同時に左右の推力を増すと機首が上がり、減らせば機首は下がる。少しでも左右のアンバランスが生じると機体が傾き旋回してしまう。

事故機が直面した最大の問題は速度の操作にあった。

異常発生時の速度は271ノット（時速約500キロメートル）。自動操縦を使用し、速度と機首の上下の角度はバランスが取れていた。速度は推力の操作だけでは思うように増減は出来ない。飛行機の速度は主にエンジンの推力と機首の上下方向のバランスとの関係で決まるものなのだ。

飛行機の速度は、自動車のようには簡単に増減しない。クルマはアクセルを踏めば速度が上がるし、アクセル・ペダルから足を離せば加速は止む。ブレーキを踏み込めばスロー・ダウンする。地面に四つのタイヤを接地しているクルマの速度は、アクセルとブレーキ操作で容易に変えられる。では、飛行機もエンジン推力を増せば、すぐにスピードが出るかといえばそうはいかないのだ。操縦桿を操作して機首が上を向かないように出来れば問題はない。事故機のように油圧系統が動かない「操縦不能」に陥っている飛行機は、エンジン推力の上昇は、即、「機首上げ」から「機首下げ」を意味する。232便の生き残っているエンジンは、主翼の下にある1番と3番であった。このふたつの推力アップは、先述したように機首上げを引き起こす。機首が上を向けば飛行機は上昇し、速度は逆に落ちてしまう。エンジンを吹かしたのに、速度は落ちるのである。まもなく、揚力を失った機体は今度は機首を下にして下降を始める。再びスピードが増加して、また機首が上を向く……要するに、同じ動作の繰り返しに落ち込んでしまう。結果として高度に変化はない。

では仮に2番エンジンだけが生き残った場合どうなるか。機体の上部についたこのエンジンを吹かせば機首は下を向く。機体は下降してスピードが上がればしだいに機首は上向きになる。今度はしばらくは上昇するがやがて揚力を失い……。同じことの繰り返しになる。

お分かりいただけたろうか。232便は、速度を落とすこと、高度を下げること自体が、非常に難しい状況だったのだ。

理屈の上では操縦不能になった232便は、事故が発生したときの速度でしか安定した飛行は出来ない。なかなかご理解頂くのがむつかしい箇所でもあり、今一度説明しておくが、速度を下げようと思ってエンジンの推力を減らせば、機首が下がり降下が始まる。降下すると車が坂道を下るのと同じように速度が増加する。速度が増すと揚力も増し、機首が上がり上昇し始める。機首が上がると「運動のエネルギー」が「位置のエネルギー」に変わり、高度が上がるが運動のエネルギーが減り、速度が減る。難しく考えなくても誰でも下り坂になれば速く走れるが、上り坂では速度が遅くなる、ごく当たり前のことに過ぎない。速度が減ると揚力も減り、やがて機首が下がり高度が下がる。時には速度が減りすぎて失速の危険が生じる。従って、すべての舵が働かないと降下すらできないのである。

ところがこの事故のDC－10の場合、幸いなことに胴体の上についている2番エンジンがストップし、推力が失われた。そのために機首を上げる操作が行われたのと同じ効果が生じ、実際それまでよりも少し上がった状態で、言い換えれば揚力が少し増えた状態で釣り合いが取れる結果になった。つまり巡航中よりも低い速度でも機体を支えるために必要な揚力が得られ、何とか着陸が可能な速度、約200ノット（時速約370キロメートル）付近で比較的安定したバランスが取れる状態になった。

巡航中に操縦不能になると、通常300ノット程度の速度でバランスが取れていることが多いため、それを着陸が可能な200ノット程度の低い速度でバランスが取れるようにすることが操縦不能時の最大の課題である、偶然がこの状態を作り出したところにこの事故の一つの幸運があったと思う。

日航123便事故の場合と異なり、異常発生後も乗客は歩いてトイレに行けたと語っている。むろんベルト着用サインも点灯していなかった。時々横滑りを感じたが、気流の悪いところを飛んでいる程度で恐怖を感じるようなことはなかったと、後に語る乗客もいた。

DC－10のようにエンジンが上下についている飛行機では、エンジンがすべて作動している状態ならば、油圧がすべて失われてもかなり自由に操縦が可能である。操作する人間の手の感覚だけでは非常に困難だが、自動操縦装置に任せて機械的なセンサーで敏感に細かくエンジン推力を操作させれば、油圧系統が作動しなくても安全な着陸は可能である。事実、NASA（米国航空宇宙局）ではエンジン操作だけの自動操縦装置が試作され着陸に成功している。

これに比べて、ジャンボ機のように翼の下に一列にエンジンが装備されている機体では、推力だけでは速度と機首の上下が操作出来ないので、この手法は使えない。客室内で乗客を移動させたり、翼の中の燃料を移動させたりして、重心位置を動かして機首の上下のバランスをとり、速度を安定させるしかない。フラップや車輪を操作すると大きく機首の上下が変化し安定できる速度が大きく変化してしまい、事実上操縦できなくなる。

DC－10は3系統の油圧装置を持っている。2系統までの不作動には緊急操作のマニュアルが定められているが、すべての油圧装置の不作動は飛行機の設計段階で「発生率が10億回に1回しかない」として航空機メーカーは対処していない。その1回にあたった人は運が悪いということである。ボーイング社は油圧がなくても安全に着陸できるというのだが、その手順・方法は公開されておらず、訓練も行っていない。

実際には、操縦不能になる確率は10億分の1とはいえないのが現実だ。この30年間で6件は発生している。うち油圧系統の故障による事故は、この20年間で日航123便とユナイテッド航空232便の2件である。犠牲者は両機で631名に上っている。これでは操縦不能に陥る確率は10億分の1だから対処しなくていいでは済まされない。航空機メーカーの怠慢といわれても仕方がなかろう。

DC－10のコックピットに目を転じよう。絶望的な状況に変化はなかった。

機関士は何か対処方法がないか、ユナイテッド航空の整備部門に連絡をとり、すべての油圧が失われた場合の対策を聞こうとしたが、明確な回答はなく地上からの支援は得られなかった。操縦席の3名が持っている経験と能力を集めて乗り切るしかか、墜落を逃れる道はない状態であった。

15時20分、２３２便はミネアポリスの航空路管制センターに「最寄りの空港に誘導されたし」と要請した。

管制センターは滑走路の長い設備のよい国際空港への着陸を勧めた。しかし管制官の見るところ、同機はスーシティの方向に向かっていた。そこで乗員の意向を確認して、スーシティの「ゲイトウエイ空港」に誘導した。


これが「スーシティ事故」と呼ばれるきっかけになった。アイオワ州の西端にあるスー市はもともとアメリカ先住民「スー族」(Sioux) の土地の名前からきている。西部劇がお好きな人はこの名前を聞かれたことがあると思う。事故当時の人口は9万にも満たない（現在は14万人ほど)、とうもろこし畑が広がる静かな川沿いの史跡が多い綺麗な町である。

スー市ではこの事故の2年前、30分で救難体制の準備を完了することを目的に、航空機事故に対する救難訓練を隣接する地域も交えて行ったことがあった。この町への誘導が、本当なら全員死亡してもおかしくない事故から１８６名（このうち1名は事故後死亡）を救った奇跡の着陸を成功させた要因の一つといわれている。

安全な空港を育て作るには周辺住民の協力が必要である。空港の設置に反対があり、空港側との対話が不十分な状態では安全な空港としての発展は期待できない。残念ながら、日本ではこの点の重要性がほとんど理解されていない。

機長は操縦室に客室乗務員を呼び、緊急着陸の準備を指示した。客室に戻った乗務員は、乗客に不安を与えないように通常のサービスを続けながらそれと気づかれぬように、他の客室乗務員に個別に緊急着陸の準備を指示した。

乗客を緊張させないために、短編喜劇映画『ケンタッキー・ダービー』を上映した。リラックスして映画を楽しみ、飲み物をオーダーするものさえいた。誰一人として操縦桿がまったく効かないジェット機に乗っていることなど知らなかった。

幸運だったベテラン・パイロットの搭乗

客室乗務員が、客室に同社のDC－10型機の操縦教官機長（以下、教官）が搭乗していて協力を申し出ている旨、機長に連絡してきた。これが、232便にとって二つ目の幸運であった。

機長はすぐにその教官を操縦席に招きいれ、協力を感謝した。2番エンジンの爆発から13分が経過していた。

機長はまず教官に客席から機体の状況を調べるように依頼した。その結果、操縦桿を動かしても補助翼などの基本的な舵が全く反応していないこと、右の補助翼の一部が上がっていると機長に報告している。右の補助翼が上がっているということは右翼が下がる、つまり事故機には右旋回する傾向があることを意味していた。

機長は教官にエンジンの推力操作を依頼した。この教官はユナイテッド航空で21年働いており、飛行訓練と技量審査を担当していた超ベテラン機長で2万3千時間という豊かな飛行経験を持ち、DC－10には3千時間の経験を持っていた。飛行時間は約960日に相当し、通算2年半は飛行していたことになる。

実際には作動していなかった操縦桿から機長と副操縦士は離れられなかった。パイロットは操縦桿が機能していないとしても機体が傾けばそれを修正するように操作する。これはパイロットならば反射的に行うもので、他の操縦不能の事故でも、フライトレコーダー（飛行経過の記録装置）を見ると最後まで操縦桿を動かして機体を立て直そうと努力している姿を見ることが出来る。むなしい努力とも感じるが、これはパイロットの本能である。

教官は左右のエンジンレバーを1本ずつ持って操作していた。エンジン推力を操作して右に旋回する傾向を修正した。機首の上下と速度の操作はきわめて困難な作業であった。推力を変えてもそれに対応して速度が変化するには時間差があり、速度が変わってから機首が上下するために20秒以上も先を読んだ非常に細かい推力の調整が必要となる。実際には、副操縦士席の速度計と外を見ながら機体の姿勢を判断し、ほとんど休む間もなく細かいエンジン推力の操作が必要であったと教官は語っている。

この教官は4年前の日航123便墜落事故に関心を持ち、操縦不能に陥った場合にエンジン推力の微妙な操作だけによる操縦について個人的に研究していた。これが186名の命を救う鍵の一つになった。それでもこの教官はエンジンだけでの操縦は困難を極めたとふり返っている。

左への旋回が困難なため、右旋回だけでスーシティの空港へ飛行を続けた。途中、機体を軽くするためと緊急着陸で起こり得る火災を最小限にくい止めるために、燃料は3万3500ポンドを残して空中に投棄した。

管制官は秒速10メートルを超える風が北西から吹いていること、ブレーキが効かないことを考えて、空港の長い滑走路31への着陸を勧めた。

しかし、事故機は旋回（特に左旋回）が困難な上に、ちょうど滑走路22への進入コース上にいたことからこちらへの進入を試みた。偶然ではあるがこれが三つ目の幸運になった。

「市街地に近づけるな」

15時51分04秒。管制官と乗員の間に次のような会話が残されている。

管制官　市街地をよけて最終進入コースに誘導する。

機長　貴方の判断に任せるが、私たちを市街地に近づけないように頼む。

激突まで9分時点であった。

15時59分過ぎ、次の管制官の一言に私は注目した。

機長　滑走路の長さは？

管制官　6600フィート（約2千メートル）です。

そして12秒後次のように付け加えた。

管制官　滑走路の向こうは広い原っぱだから、追い風など気にしなくても大丈夫ではないですか。

この12秒間に管制官の考えた言葉がパイロットの気持ちにどれだけゆとりを与えたか、私はこのぎりぎりの段階でもあきらめずに232便の生還を願う管制官の姿勢に、プロ意識に徹する人間の真骨頂を感じた。日本には管制官がこういう台詞を吐きたくとも、これだけ立地条件にゆとりのある空港は思い当たらない。

最終進入の後半に入ったDC－10はほぼ正確に滑走路に向かっていた。しかしフライトレコーダーの記録は細かく上下左右に揺れ動いていて、エンジン操作が極めて困難な状態であったことを物語っている。

乗客が再び緊張したのは、機長の「やむを得ず緊急着陸します。どうか冷静に」というアナウンスによってだった。着陸の数分前には再度、操縦席から「ラフ・ランディング（荒っぽい着陸）になる」とアナウンスがあり、客室乗務員が衝撃時の安全姿勢のとり方を指導して回った。乗客の緊張は高まった。

揚力を増すフラップが作動していないために速度を上げる必要があり、進入速度は215ノット（時速約398キロメートル）という高速、降下率は毎分平均1620フィート（約494メートル）で非常に大きかった。そのために「対地接近警報装置」が「降下率に注意」の警報音を鳴らし続けていた。この速度と降下率がもたらすものは「着陸」ではなく地面への「激突」である。

滑走路は目前、しかし

副操縦士は機長に対して、「早めに高度を下げて、浅い角度で進入する」ことを進言している。教官は機長席と副操縦士席の間にひざをついて、左手で1番エンジンを右手で3番エンジンの出力を細かく調整して、滑走路に適切な少し浅めの降下角とコースを維持するために必死になっていた。教官は訓練飛行でフラップを使わない訓練を経験していたため高速進入にはある程度慣れていた。

機体は滑走路の端を通過する時点では、中心線よりやや左によっていた。

高度100フィート付近で機長は、「エンジンを絞れ」と指示している。

教官は「No, I can't pull them off, or we'll lose it」(だめだ！　出来ない、失敗するぞ！)と叫んだが、エンジンが絞られたようで、機首が下がり、エンジンを再度加速させたが機首は上がらず右に傾いていていた。

時速400キロメートル(一部に時速200キロメートルとの情報もあるが誤り)という異常な速さで地面に接近すれば、どんなベテラン・パイロットでも恐怖を感じることは必定である。通常の着陸では速くても時速280キロメートル程度で300キロを超えることはない。私も一度だけコンベア880という飛行機で、航空機メーカーのテストパイロット教官とフラップを出さずに200ノット(時速約370キロメートル)で着地し滑走路内で停止(通常の訓練ではタッチ・アンド・ゴーといって車輪をつけてもすぐに再度離陸する）したことがある。むろん操縦操作には異常はなくブレーキも効いた。それでも通常より地面が近づく速度が大きく、不安と緊張感は相当なものだった。着地寸前に速度を落としたくなって、反射的にエンジンを絞ろうとするのは止むを得ないことだと思う。

客室では緊急着陸の準備は完了していた。機長から「Brace!」（みがまえて）とアナウンスがあった後、客室乗務員は接地の直前から着地まで「Brace! Brace!」「Heads down!」（頭を下げて）と叫び続け、着地した後は「Release and get away!」（ベルトをはずして脱出）と叫び続けていたのを乗客たちは聞いている。これは簡単なことのようだが、多くの事故で意外と実行されていない。大きな衝撃と混乱の中、大声で指示することは実際には難しいことである。

16時00分07秒。右翼端が滑走路22の端から少し手前の地点に激突し、続いて右車輪が滑走路左端に激突し車輪が分離した。

滑走路を斜めに横切る形で、機体は五つの部分に分断されて転がり、前部胴体は上下逆さまになった。操縦室後方の客席（ファーストクラス）部分は燃料をかぶり火に包まれた。この部分の乗客に死者が多かった。胴体中央部には死者は少なく、胴体後部で死者が多かった。

20列目の座席にいた乗客は「衝撃で眼鏡が飛ばされた（通常、眼鏡は外して緊急着陸に備えるのだが）。機体が停止したときには逆さまにベルトでぶら下がっていた。煙が立ち込めていて、ほとんど何も見えない状態だった。シートベルトを外すと、客室乗務員が『後ろは火が出ているので危険です』と叫んでいるのが聞こえた。前に向かいながら破片の下敷きになっている人や、怪我をしている人を助けた。乗客は皆協力し合い、とても統制が取れていた」と語っている。

操縦室部分はひどく破壊されていた。乗員たちは座席ベルトとショルダーハーネスに守られて傷を負いながらも生存できた。教官は座席ベルトをしていなかったが、重傷を負いながらも一命は取り留めた。

その結果、搭乗者296名中、死亡者は乗客110名乗員1名、重傷者は乗客41名乗員6名（乗客のうち1名は病院で事故31日後死亡）、軽傷者乗客121名乗員4名、無傷のものが13名（すべて乗客）であった。

救難関係で注目されたのは、緊急着陸における幼児への対処方法である。

緊急事態のときに幼児をどのように保護するかは大きな課題となっている。一般に考えられるのは、①大人が抱いて保護する。②幼児の腹部にクッションを挟んで大人と一緒に座席ベルトに固定する。③丈夫なスーツケースなどの中に幼児を入れ、周りに毛布や枕を詰めて衝撃から保護し床に置く。こういった方法が当時一般的に実施されていた。

スーシティ事故では4名の幼児（親の膝に乗せられ抱かれている子供）が搭乗していた。うち3人は2歳未満で、この子供たちの親は子供たちを足の間に挟み、床の上において親が衝撃に備えた姿勢をとり保護するように指示された。

2歳未満の子供のうち一人は着陸の衝撃で空中に投げ上げられてしまったが、幸いなことに母親が受け止めることに成功し、軽傷で済んだ。3歳の男の子はシートベルトと体の間に枕を挟んでいたが、衝撃時にも席からはじき出されず、怪我もなかった。

ほかの二人の子供たちは衝撃で跳ね飛ばされて、母親は見失ってしまった。一人は脱出する他の乗客が女の子の泣き声に気がつき、一度は脱出したが引き返して発見した。もう1名は煙を吸って死亡した。

幼児の搭乗は、緊急時での危険性が高い。私は当時、衝撃に耐え幼児を保護できるように、水に浮く幼児用コンテナを作り、クッションを詰め、親の座席の近くにベルトで固定しておく必要があると考えていた。

完全だった事故対策

緊急通信を受けたスーシティの管制機関は、すぐに地方警察に滑走路あるいは空港周辺のハイウエイに強行着陸するかもしれない旨通知した。警察は直ちにハイウエイの通行を止め、緊急着陸に備えていた。管制官はハイウエイへの着陸をアドバイスしたが、機長はハイウエイへすでに接近しすぎていたために、着陸するには高度が高すぎて無理と判断して空港を選んだ。

『ニューズ・ウィーク』誌でも「スーシティは驚くほど完全に事故に備えていた。飛行機が空港に近づいたときにはよく訓練されたレスキュー隊員700名が地上に待機していた」と絶賛された。

スーシティの救難機関は、隣接するウッドバリー郡の救難機関とともに「大型機が空港に墜落し、150名の生存者があり救助が必要」との想定で2年前に救難訓練を行っていた。救難準備に要する時間は30分を目標とした。

事故機が空港に接近する前に、救難医療チームの医師はヘリコプターで空中待機していて、何処に着地しても対処できる態勢を取っていた。

スーシティの50キロメートル圏内の消防隊、80キロメートル圏内の救急車に緊急招集を呼びかけ待機させていた。

12台の救急車と4機のヘリコプターが2箇所の病院への負傷者の輸送を準備し、警察、消防、ナショナルガード（州兵）のメンバーが待機していた。

負傷者の治療のために多くの医師が協力し、主要病院の一つであるマリオン病院には300人以上の医師、看護師が駆けつけ、中には100キロメートル以上も離れた所から参加した医師もいた。

更に驚くべきは、地元の人々が進んで献血に参加し長い列が出来るほどであった。その結果、採取された血液は推定必要量を超えて300パイント（141リットル）にも及んだ。

地元の食品会社などは、乗客、関係者、救助関係者のために食料や衣類、花束などを提供し、大学は学生寮を生存者や関係者の宿舎として提供した。

これは当時の新聞記事や通信社の配信したニュースに記録されている。

日米、報道の違い

事故当時、私が入手した現地の新聞や『タイム』誌などの出版物は乗客同士の助け合いによる脱出の記事で満たされていた。後に私が訪れたノースダコタの航空関係者から聞いた話も同様である。新聞『USA・トゥデイ』紙の見出しにも「見知らぬ人が瞬時に仲間に」と乗客間の協力が大きく報じられていた。

ある元スポーツ選手は1歳の幼児を含め10名以上の乗客を救出している。一度は危険な状態から機外に脱出しながら、再度機内に引き返し、日本人女性乗客を穴から引っ張り上げて救出した人もいる。このエピソードについては日本のテレビでも放送され、『週刊新潮』の記事にも取り上げられていたのでご存知の方は多いと思う。残骸を押し開いて、出口を作り2名を救出した若者もいた。

この事故に関する当時のアメリカの新聞報道をもう少し詳しく見てみよう。

『USA・トゥデイ』紙のように「パイロットは勇気ある行動を示した。航空の歴史に名を残してたたえるべきだ」などとパイロットも高い評価を受けた。『ワシントン・ポスト』紙は「訓練と早い対応そして幸運が犠牲者を少なくした」との見出しで、犠牲者が非常に少なかった事故として報道し、「2年前にスーシティが行った訓練に酷似した事故」と2年前の救難訓練を紹介した上で、「空の経験豊かな優れたパイロットたちと、地上の救助チームが事故機DC－10のために30分で空港に集まったことによる」と犠牲者が少なかった理由を結論付けていた。

これを日本の新聞報道と対比させると際立つ違いに一驚させられる。7月20日付の各紙は、この事故を「エンジン爆発、緊急着陸に失敗　150名以上が死亡」「緊急着陸に失敗180名死亡、生存は110名」とトップ記事でネガティヴに報じている。

この事故は少しでも航空機に関心のあるものならば、全員死亡でもおかしくなかったと考えるのが普通であろう。186名の命を救った「奇跡の着陸」と正当な評価を前面に押し出したアメリカの報道は航空関係者には納得のいくものだった。

日本の新聞報道は内容も曖昧で、私は当時から違和感を持った。

そうした中で『週刊新潮（1989年8月3日号）』では「機長の手腕があればこそ」と書き、日本なら111名もの死者をだしてといわれるところだけに、「国情の違いというべきかも知れないが……」とこの報道姿勢の差を冷静に分析していたのが目を引いた。

このような報道姿勢のためか、日本ではスーシティ事故を「パイロット・ミス」が原因だと信じている人がいまだにおり、とんちんかんで意外な質問を受けることがある。

余談だが、日本では一部に、接地に成功したもののブレーキが効かずに滑走路内で停止できなかったかのような情報が誤って伝えられている。着陸に成功したのだから「激突」したとするのは誤りではないかとの質問が私のもとにも寄せられたが、事故調査報告書で確認しており、「激突」で誤りではない。それほど激しい「ラフ・ランディング」だったのである。

航空機事故に対する日米の理解、考え方の差が今後の安全対策にどう影響してゆくのか。日本では事故が起こると再発防止のための事故原因追究よりも、警察による犯罪捜査が始まる。そのため現場の関係者の責任を追及しておけばいいというような風潮が強い。

その点、アメリカは全く違っている。人間なら誰でもミスは犯す。ミス自体は犯罪ではありえない。日本では事故原因は「パイロット・ミス」、「管制官のミス」などと平気で報じられる。ミスは事故原因ではない。仮にミスを犯したのなら、そのミスを犯させたものこそ原因である。後の調査で2番エンジンの不適切な整備によって、ファンの羽を取り付けている円盤に入っていたひびを発見できず、飛行中に破裂してその破片が油圧系統を破壊したことが判明した。これが事故原因だった。

事故原因というものは、それを取り除けば同種の事故の再発を防ぐことができるものである。人間はミスを犯すという前提で対策を立てなければ実効性は期待できない。「医療ミス」などといって当事者たちだけを断罪しているようでは現場から医療事故をなくすことなどとうてい出来ない。こうした社会的な風土、ものの考え方の差が、日米の報道の差になって表れていたと思う。

安全をもっと真剣に考え、事故の本当の原因を調査し、それを取り除き、再発による被害を最小限にすることに全力を挙げないと、日本は同じ事故を繰り返すことになる。

第6章　英国航空9便・ジャンボ40分間の苦闘

現代の旅客機は、エアバスA３００型やボーイング７７７型は2基のエンジンを、ダグラスDC－10などは3基のエンジンを、ジャンボ・ジェットやエアバスA３４０型などの大型旅客機には4基のエンジンが装備されている。

現役パイロットとして乗務していたときに、乗客の方からよく訊かれたことがある。

「エンジンは全部が止まらなければ飛行はできるのですか？」

「エンジンが全部止まったら、真っ逆さまに落ちるのではありませんか？」

小型の軽飛行機などにはエンジンが一つしかついていないけれど、止まらないか不安ではないかともよく訊かれた。

確かにエンジンの推力は飛行機が高度（揚力）を得る原動力であり、エンジンが止まれば必然的に高度が低下し、地面に降りなければならない。飛行場が近くにあれば問題ないのだが、洋上とか山岳地帯、砂漠、寒冷地の上空ではエンジン一つの単発機にお客さんを乗せて長距離を飛ぶことは危険すぎる。リンドバーグ時代の冒険飛行ならばいざ知らず、乗客を乗せた旅客機では、エンジン二つの双発機でも長距離洋上飛行などは不安を伴う。そのため双発機には洋上飛行の場

英国航空ボーイング７４７〝シティ・オブ・エディンバラ号〟

合、陸地から離れる距離について制限が設けられている。
3発機や4発機なら一つ止ってもかなり余裕があるのは事実である。双発機ではエンジンが一つ停止すると、50パーセントの推力を失うため片発での飛行は余裕がなく、そのときの機体の重量にもよるが、低い高度しか飛行できなくなり、事実上緊急事態になる。そのために太平洋・大西洋の横断旅客機には主として、4発機が使用されている（例外的にボーイング７７７型機などでは、ＥＴＯＰＳと呼ばれる例外的な規定の緩和により双発機ながら長距離飛行に使用されている）。
多くの人はエンジンが四つ同時に止まることなど天文学的に小さな確率でしかないと信じ込んでいるが、四つの発動機がすべて停止した事例はここ20年余りの間に2件は発生している。
その発生確率は天文学的な数字とはいえない。天文学的な確率というと、実生活とは関係のない数字と理解される。「多くても1千年に1回」とか「1万年に1回」といったような使われ方の言葉だと思う。

燃料がなくなった場合、つまり規格外の燃料が誤って搭載された場合には、全エンジンが同時に停止する可能性は否定できない。双発の旅客機で燃料がなくなり小さな飛行場に不時着した例も含めると発生率はもっと高くなる。

エンジンすべてが停止した場合、機内がどのような状態になるのか、パイロットでもすぐには思いつかない。そのような訓練や教育は通常受けていないからである。恐らく色とりどりの警報灯が点灯し、いろいろな警報音が鳴り響き、操縦席はクリスマスの繁華街のような状態になることだけは確かである。

見たこともない光のシャワー

ここで取り上げる事故は、1982年6月24日のジャワ島上空で発生した英国航空9便（エリック・ムーディ機長）のボーイング747－236型機、いわゆるジャンボ機、登録記号G－BDXH〝シティ・オブ・エディンバラ号〟が遭遇したものである。このトラブルはなぜか広くは知られていない。日本では細かい記録が全く手に入らない。たまたまイギリスで入手した『航空事故　第2巻』（Air disaster Vol. 2　Aerospace Publications）という本に詳細な記録が残されていたので、飛行経過などについてはその中の記述を参考にした。

英国航空9便はロンドンを出発し、ニュージーランドまで飛行する長距離便であった。経由地の一つ、マレーシアのクアラルンプールを現地時刻19時56分に出発して、次の経由地であるオーストラリアのパースに向かっていた。乗員は15名、乗客247名（そのうち幼児が8名）、合計262名が搭乗していた。

高度3万7千フィート（約1万1千メートル）、外は赤道直下の漆黒の空に星が輝いている。軽い夕食が終わり、乗客は映画の上映を待っていた。

インドネシアのジャカルタ上空を通過して順調に飛行を続けていた。暗い（夜間飛行では外がよく見えるように照明は最小限に保たれている）操縦席からは星空がはっきりと見えていた。

コックピットの窓外が突然明るくなり、目の前のガラス一面に白く光る放電現象のようなものが発生した。時々小さな光の点が爆発したように輝くのが見られた。その時、機長はたまたま手洗いに立ち席を外していた。操縦に当たっていた副操縦士と機関士は目を見張った。こんな現象に二人ともかつて出会ったことなどなかった。

飛行機では雷雲の近くを飛ぶと、高山などで見られる「セントエルモの火」と呼ばれる放電現象に出くわす。これも操縦席の前面のガラスに刻々と変化する放電が見られる、あまり気持ちのよいものではないが美しい現象である。時には機首から青白い火柱のような放電現象が数メートルも見られることがある。

「セントエルモの火」はしばしば経験されるが、副操縦士にも機関士にも目の前に起こっている現象については全くその原因がわからなかった。機関士は未知の体験に強い恐怖を感じたと述べている。

乗員は異常気象を想定し、突然のゆれに備えて乗客にはシートベルト着用の指示を出し、自分たちもショルダーハーネスを着用した。機関士はエンジンへの着氷を危惧して、防氷装置を作動させた。

ジャワ島の南岸を通過するころ機体に当たる光のスポットは次第に増加していた。

客室内に漂う煙

1階客室後部にいた乗客の中には、客室に煙が漂っていることに気づいた者がいた。乗客の一人は誰かがタバコを床に落としてくすぶっているのではないかとあたりを見回していた。客室乗務員も客室がけむたいことに気づきパーサーに報告した。最後部の客席では煙が異常に濃く感じられた。客室乗務員は客室の各部を点検し煙の発生源を突き止めようとした。

前から2番目のギャレーにいた客室乗務員は煙が客室後方から前方に流れてくるのを見たと話している。後部客室は禁煙のはずなのにと思い、通路に立って後方を見ると遠くのほうは煙っていてよく見通せないほどだった。

1階で客室乗務員と話していた機長は操縦席に呼び戻されたが、その途中2階の床付近の換気口から煙が漏れているのに気がついた。機長は急いで操縦室に戻った。そこで見た光景は彼の長い飛行経験の中でもかつて一度も遭遇したことのなかったものである。

まるで火の豪雨の中を飛行しているようであった。無数の光る破片が機体にぶつかってくる。

機体に当たって光る物体は操縦席のガラスに稲妻のようなジグザグの光の跡を残して消えた。そのため機体の前方は闇夜ではなく明るく照明された空間のように見え、ちょうど車で夜間、豪雨の中を走る対向車のヘッドライトを見ているように機長は感じた。

副操縦士が右側の窓から外を見ると、暗闇の空が見えていた。黒い夜空を背景に4番(右翼の一番外側)エンジンを前から見ると内部は明るく白く輝いていた。この光はエンジンのファンの後ろ側から出ているのか、ファンの羽がストロボ効果でも見るように強烈な光の中に停止しているように見えた。

他のエンジンにもなんらかの異常な光が見られた。それればかりでなく、翼の前縁にも白く輝く光の帯がある。

パイロット達には、次にいったい何が起こるのか全く予測できなかった。客室乗務員はいかなる緊急事態が起こっても、対処できるように準備をし始めた。

2階客室では何か金属が熔けるような臭いがした。客室乗務員は疑いのあるものは取り除こうと、調理台の湯沸かし器や、オーブン、冷蔵庫などの電気関係の機器のスイッチを切った。

1階後部の客室では、煙が濃くなり乗客の中から「ここは禁煙ではないのか」とクレームが聞かれた。

後部客席にいた子供の一人が、「エンジンに火がついた!」と叫び、周囲の乗客たちも外を見たが、エンジンだけでなく翼のあちこちに小さな火が見られた。

「火事だ！」と女性が不安をこらえきれず泣き叫び始める。これに同調する声があちこちで聞かれた。「神様、私たちはどうなるの？」。客室はパニックに陥った乗客たちで騒然となっていた。

客室の後部では濃い黒い煙が機内に入り、エンジンの音にも変化が聞かれた。「バン」というような音とともに振動が出始めた。エンジンの後方には光る塊が噴出していた。

両側のエンジンの後方から、映画で見たロケット・エンジンのように数メートルの火が噴出していた。エンジン前方の空気取り入れ口からも、炎のようなものがエンジンの外側に沿って後方に流れていくのが見られた。

操縦席にも煙が

操縦席にも煙が入り始めた。電気系統がこげるような臭いもする。機関士は繰り返し計器などを点検していた。しかし、煙の原因を突き止めることは出来ない。機関士は電気系統かあるいはエアコン系統に原因があると推定し、エアコン火災の対処を始めた。動力源であるエンジンの圧搾空気のバルブを閉め始めたとき、4番エンジンの回転に異常が起こり、フレームアウト（燃焼が停止）した。4番エンジンが止まったのである。

続いて約1分後に2番（左内側）エンジンが、ほぼ同時に1番（左外側）と3番（右内側）とすべてのエンジンが停止した。時刻は現地時間（クアラルンプール時間）21時44分であった。ここからはエンジンが再スタートしない限り、20分あまり後には高度はゼロになる。

ジャンボ機は重量にもよるが、平均毎分1800フィート（約550メートル）程度の降下率で滑空できるので、3万7千フィート（約1万1千メートル）の高度からだと約20分は滞空できる。飛行距離も風や速度にもよるが150～250キロメートルの距離は飛行可能である。

全エンジンが停止した時点（21時44分）から、少なくとも15分以内に、従って遅くとも21時59分までにエンジンが再起動できなければ不時着陸（着水）は避けられなくなる。

この状況では、もちろんエンジンの再始動を試みるのであるが、エンジンが再始動できなかった場合の不時着陸（着水）に備えてライフベストの着用や乗客を緊急脱出させるための客室の準備を並行して進めなければならない。

また全エンジンが停止して発電量が低下することによる電気系統への影響、エンジンからの圧搾空気で与圧されている客室の気圧の低下（減圧）などについても対策を考える必要があった。

機長は全般の状況を把握し、着陸なのか着水なのかを判断して、副操縦士と航空機関士はエンジンの再始動と通信を担当。客室乗務員は乗客の安全確保に全力を挙げた。

パイロットたちにしても、エンジンの停止や発光現象が何故起こったのか、全く原因がわからない状態であった。従って、乗客や客室乗務員を安心させるような情報は提供できなかった。

「メイデイ・メイデイ・メイデイ」

機長は「May day, May day, May day」と緊急信号を発信し、全エンジンが停止したと送信した。これを受信したジャカルタの管制機関はよく聞こえなかったのか、あるいは全てのエンジンが停止するなどとは考えられなかったのか、管制機関からは「4番エンジンが停止したのか？」と繰り返し確認を求められ、暫くの間、会話がかみ合わなかった。

これを傍受していたガルーダ・インドネシア航空の飛行機が管制機関への通信を仲介して、ようやく全エンジンが停止したことを管制官に理解させることが出来た。

機長はジャカルタの当時の主要空港であるハリム空港に着陸することを決定し、一度通過したジャカルタに向かって引き返すために機をUターンさせた。

エンジンは推力を出していないが、風車状態で回転しているために操縦系統などの動力源となる油圧のポンプは作動しており、必要な圧力は保たれていた。そのために操縦をする上での障害はなかった。

電気関係も油圧と同様に発電機が作動していたために、安全上不可欠な重要部分の電力は辛うじて確保されていた。

高度は次第に低下した。ジャカルタに引き返すことを管制機関に伝えたが、通信状態はあまりよくなかった。レーダーにも英国航空9便の機影はよく映っていなかった。

通信は途絶えがちで、強い雑音が混入していた。その間も繰り返しエンジンの再スタートが試みられたが成功しなかった。降下率は毎分2千フィート（約610メートル）程度になっていた。エンジンを再スタートさせるに必要な空気を取り込む速度は250〜270ノット（時速約463〜500キロメートル）の間であるが、副操縦士側の計器は320ノット（時速593キロメートル）を指していた。速度が早すぎると空気が多くなりすぎてエンジンが再点火できない可能性がある。副操縦士は機長に「速度に注意」とアドバイスをしたが、機長は「こちらは270ノットを指している」と答えた。

左右の速度計に大きな差が生じていた。どちらが正しいのか判断がつかなかった。慣性航法装置（INS）の対地速度から推定しようとしたが、その表示も意味不明の数値を示していた。

乗客は遊園地のローラーコースターに乗ったときのように、機首を引き上げ減速したときには座席に押し付けられ、機首を押さえて加速するときには体重が軽くなったかのような感じを受けたと語っている。

機長は二つの速度計を参考に、速度を変化させながら、エンジン再起動を試みられる範囲の速度に変化させていた。

客室気圧の低下、緊急降下

高高度を飛行するジェット機には、エンジンの推力を出すための圧搾空気を利用して客室の気圧を呼吸が出来る程度に上げる（与圧する）機構が装備されている。そのため、エンジンが停止すると客室の与圧に深刻な影響をもたらした。事故機の客室の空気圧を調節しているアウトフロー・バルブは全閉になっていたが、客室の気圧は緩やかに低下していった。

機体が降下して2万6千フィート（約7900メートル）を通過するとき客室の気圧は1万フィート（約3千メートル）の気圧以下に低下して客室減圧警報音が作動した。

パイロットたちは直ぐに酸素マスクを着用したが、副操縦士席のマスクは正常に酸素が出てこなかった。副操縦士はマスクなしでエンジン再起動の作業を続けていた。

機長は副操縦士が低酸素症で意識を失ったりしないように、速やかに呼吸に支障のない1万フィート付近まで降下することにした。車輪を下ろし、スピードブレーキ（スポイラー）を使用して機首を10度付近まで下げて毎分7千フィート（約2100メートル）以上の降下率で減圧時に行う緊急降下を行った。

当然のことながら、この操作で突然、飛行機の姿勢は変化し、振動と騒音が発生した。気圧の急激な上昇で鼓膜を外から圧迫し、耳の痛みを感じさせた。子供や幼児は耳が痛いと言って泣き出し、高齢者の中には突然胸苦しさを訴える者もいた。

客室乗務員たちはこれらの乗客への応対に奔走した。といっても決定的な解決策はなく対処の方法はなかったのだが。

操縦席では絶え間なくエンジンの再起動を試みていた。機関士は燃料汚染まで疑い、燃料系統を再度点検していた。しかし燃料に不純物が混じるのは地上での燃料補給以前の問題であり考えられなかったが、それでも全エンジンが停止するのは燃料がなくなるか、燃料が不純物で汚染されているケースしか考えられず、一抹の疑念は残っていた。

困難はそれだけではなかった。ジャカルタとの交信が時にはほとんど不可能になっていた。航法計器（飛行機の位置に関する情報を示す計器）も全て表示は意味のない数字を示していた。ジャカルタのレーダーにも機影は映っていなかった。

ジャカルタの管制機関は付近を飛行していたシンガポール航空機を呼び出し、英国航空9便との通信の中継を依頼した。シンガポール航空機は「英国航空機の通信が辛うじて聞こえる」と返信してきた。

英国航空9便は2万フィート（約6千メートル）を通り過ぎて降下していた。副操縦士席の酸素マスクの故障を修理することに成功した時点で副操縦士が酸欠になる危険がなくなったので緊急降下を中断し、通常の降下角に戻した。

一方、電気系統の方には問題が生じ始めていた。降下率の変化に伴い降下速度も変ったために、風車と同じ原理で回転していたエンジンの回転数が変動していた。飛行機の速度が低下した結果十分な回転数が得られず、電力が不足し客室のライトが点滅したり暗くなったりした。

機体が1万7千フィート（約5200メートル）を通過して降下するころ、客室の空気の圧力は高度は1万4千フィート（約4300メートル）相当になり、自動的に座席の上の酸素マスクを収納している箱の蓋が開き、酸素マスクが乗客の目の前にぶら下がってきた。

客室乗務員は携帯用の酸素吸入装置を肩からかけて使用しながら、乗客の酸素マスクの着用を手伝った。同時にあらかじめテープに録音された酸素マスク着用を指示するアナウンスが機内に流されるはずであったが、自動アナウンスは流れなかった。

客室乗務員はＰＡシステム（機内放送）を使って乗客にマスクの着用を徹底しようとしたが、それも全く作動しなかった。仕方なく客室の各部に配置されている携帯用メガホンを収納場所から引き出して使用した。

突然、女性が「助けて！」と叫びながら、通路に飛び出してきた。彼女の夫が心臓発作を起こしている。客室乗務員は直ぐに彼に救急用（治療用）の酸素吸入を行って一命は取りとめた。

客室乗務員たちは機内を歩きながら乗客の不安を和らげていた。客室の照明も暗くなり、外は真っ暗闇の中をエンジンの音がしない状態で降下している状況では、乗客も客室乗務員も絶望的な気持ちになるのは当然であった。

時間との闘い

エンジンはいっこうに点火する気配が見られなかった。この段階でも何故、全エンジンが突然停止したのか原因がわからなかった。再起動のために考えられるあらゆる対処方法はすでに試みていた。パイロットたちも不時着の準備をせざるを得なくなった。ハリム空港にたどり着くには、その南にある山をエンジンなしで飛び越える必要があった。そのためには高度を1万1500フィート（約3500メートル）以下にはできないのだ。

先に行なった緊急降下のせいで、高度は機長の計画より低くなってしまった。機長は1万2千フィート（約3600メートル）以下になった場合、山越えをあきらめてその手前でUターンしてジャワ島の南海岸に出て、海上への不時着水をする以外に、助かる見こみはないと考えた。機長はボーイング747型機には不時着水の前例がないことを知っていた。おまけにこの暗闇である。海面や波頭の状態も見えず、エンジンは全く働いていなかった。常識的には絶望的である。山を越えるのか不時着水するのか、決断までに数分しか残されていなかった。もしもUターンして南の海上に出るのならば、着水までの残り時間も少なく、乗客に着水の可能性があることを告げて、準備を開始しなければならなかった。

客室乗務員はこの全エンジン停止状態による飛行がどのような形で終わるのか想像もつかなかった。

その時一人の老人が「孫たちにいい土産話になりますね。皆さんはフライトを楽しんでいますか？」と周囲の人々に声をかけた。これが乗客に微妙な落ち着きを与えた。

残り時間と高度から考えて、機長は客室に事実を告げて着水の準備に入らなければならなかった。客室乗務員をインターフォンで呼び出そうとしたが、インターフォンは作動していなかった。時間がない。機長は乗客にありのままの状態を説明しなければならず、乗客には状況を知らされる権利がある。乗客に向かって、緊急時には優先的に電力が供給されるＰＡシステムを使って放送しようとした。それ以外に情報を速やかに乗客に伝える手段は残されていなかったのである。

これが緊急事態発生以降、初めての機長から乗客へのアナウンスであった。

ところがそのＰＡシステムもまたエンジン停止による電力不足のために、完全には作動せず障害が出ていた。実際に機長のアナウンスが聞こえたのは一部の乗客に過ぎなかったのである。

「乗客の皆さん、機体にちょっとした異常が発生しました……。四つともエンジンが停止しています。私たちはあらゆる手を尽くして、再起動させます。皆さん、心配しないでください」

これが機長のアナウンスであった。事態の重大さに反して淡々としたアナウンスを聞いた乗客たちは声を上げて驚いた。それはそうだろう。

機長はこのアナウンスに続けて「パーサーは至急操縦室まで来るように」と放送した。客室乗務員にしてみればこれは「不時着の準備を開始する」というアナウンスに等しかった。それ以外にこの段階で客室乗務員とパイロットが直接打ち合わせをすることなど考えられなかったのである。

客室乗務員が操縦室に行くと、パイロットたちは酸素マスクをつけて、地上と交信しながら必死にエンジンの復活を試みている。

機長は客室乗務員に高度計を指差して「わかるだろう」といったが、操作に忙殺され話しどころではなかった。客室乗務員はパイロットたちの作業をじゃましないように客室に引き返し、不時着水の準備をはじめた。

ところがその時、非常用出口のサイン以外の客室の明かりが全て消えてしまった。機内とは逆に機外が明るくなった。10メートル以上の火柱が一つのエンジンの後方から噴出した。悲鳴を上げる乗客もいた。客室乗務員は緊急脱出の時期が切迫していると感じ、乗客がシートベルトをしっかり締めていることを確認しながら、緊急時の避難の障害になる手荷物などが通路や床に落ちていないか、着水したときに飛び散る危険性のあるものがないか、酸素マスクとフラッシュライトを持って確認してまわった。

同時に緊急脱出のときに客室乗務員を補助する力のありそうな男性を密かに選んでいた。驚いたことにまだ指示していないのに、乗客の中にはライフベストを着けているものもいた。客室乗務員は明るい笑顔で「貴方はどこに泳ぎに行くつもりなの?」と声をかけた。

客室乗務員の中には、衝撃に備えて枕で顔を保護するように教えているものもいた。乗客の中には手を握り合うものもいた。静かに涙を流しているものも。

機体に再び大きな振動があった。エンジンから火が噴出して一時的に周りが明るくなったが、すぐに闇に包まれた。

客室乗務員としては大きな問題があった。PAシステムが使えないためライフベストの着用や衝撃に備える姿勢を乗客にいっせいに伝えることが出来ないことであった。手持ちのメガホンでは、限られた時間内では指示が徹底しないことが考えられた。

外は暗く客室からは下が地上か海面かの区別がつかず、高さもわからない。操縦室からの指示はPAシステムが働かないので期待できなかった。客室乗務員が指示を出さなければならなかったが、そのタイミングの判断は不可能に思えた。

操縦室でもあらゆる手を尽くしたが、エンジンはよみがえらなかった。これ以上の対策は考え付かず、万策尽きたと感じ始めた。とにかく地面か海上に激突するまで、再起動の操作を繰り返すしか残されていなかった。

最高の素晴らしい騒音

1万3500フィート（約4100メートル）を降下中、突然何の前触れもなく4番エンジンが命を吹き返した。客室では客室乗務員が不時着水の準備を、メガホンを使って開始していた。そこにエンジンが点火した音が機内に響き渡った。客室乗務員はもとより、乗客も直ぐに気がついた。

普段は騒音にしか聞こえないエンジンの音が、歓喜の声に聞こえた。乗客の一人は「生涯で最高の素晴らしい響きだった」と語っている。

副操縦士は直ぐにジャカルタ管制機関に「エンジンが一つ再起動した。1万3500フィートを通過中」と連絡した。通信の状態もよくなっていた。

机上の計算では747型機は1万3千フィート（約4000メートル）付近では1基のエンジ

ンで高度を維持できることになっているが、この場合再起動したエンジンも正常な状態であるとは考えられなかった。1基でも作動しているエンジンを大切に、かばいながら使う必要があった。余計な負荷をかけないように毎分300フィート（約90メートル）程度の降下率で降下して行った。

1万2千フィート（約3600メートル）を過ぎるころ、今度は3番エンジンが生き返った。右側の2基のエンジンで、上昇は困難だったが高度は十分維持できた。ジャカルタまで山を越すための最低安全高度より高い1万2千フィートを維持することに成功した。これで南の海でなくジャカルタの空港に向かうことが可能になった。

さらにその直後、1番と2番エンジンもほぼ同時に再点火した。全エンジンが作動し、力強い音が機内に広がった。機内の全員が喜びに沸きかえった。

精気を取りもどした副操縦士はジャカルタに向かって「やっといつもの仕事に戻った。4発とも働いている。高度1万2千フィート」と連絡した。

全エンジン停止後16分経過していた、無線の交信も、ビーコンや距離測定装置などの航法機器も正常に戻った。

英国航空9便は高度1万5千フィート（約4600メートル）まで再び上昇し、機長は電気系統の回復に伴って乗客にPAシステムを使って「こちら機長です。我々は問題を解決できました。エンジンは4基とも作動しています。ジャカルタに着陸します。後15分で着陸します」とアナウンスした。

乗客、客室乗員ともに喜びに沸き、抱き合う姿も見られた。

ところが、機が1万5千フィートに上昇したところ、再び光の雨の中に突入した。機長は直ぐに降下したが2番エンジンに異常が発生した。2番エンジンは繰り返し火の玉を噴出し、異常音が発生したために停止処置がとられた。3発になり、再び1万2千フィートまで高度を下げた。

機長は再度乗客にPAで、再び3発で着陸することを知らせた。このアナウンスは非常に落ち着いていて、乗客に安心感を与えた。パイロットはたびたび3発での着陸訓練を受けており、それほど緊張することはない。しかし、この場合は残りのエンジンが信頼できる状態ではない。機長は慎重な操作を行っていた。

離陸後2時間半あまり飛行していたが燃料はまだ30トン程度残されていた。それでも安全に着陸できる最大着陸重量よりは軽くなっていたので、着陸前に燃料を投棄する必要はなかった。

着陸時に消防車を配置することを依頼し、空港上空を南から北に一度通り過ぎて右旋回し、滑走路24（南西方向に向かう滑走路）に向かって計器着陸装置の電波に導かれながら、着陸態勢に入った。しかし電波による降下角を示すグライドパスは不作動だったので降下角は目視によって判断しながら滑走路に向かった。ところが、操縦席の正面窓ガラスがひどく曇っていて前方がよく見えなかった。ガラスのワイパーもデフォッガーも役に立たない。

地上から進入角を示す灯火も作動していたが、霧がかかったようでぼんやりとしか見えなかった。

操縦席の正面窓は半透明状態なので、仕方なく正面でなく両端の細い窓の部分から滑走路を確認して進入を続けた。滑走路は長さ3千メートルある。着陸には十分ゆとりのある長さであった。

幸いなことに、この時点では左右の操縦席の速度計の不一致は解消されていた。この段階で速度計に差があると着陸はかなり危険なものとなりえた。DME（距離測定装置）の指示が7・6海里（約14キロメートル）の地点を2500フィート（約760メートル）で通過して降下を開始し、6海里（約11キロメートル）で約2千フィートになるように、3海里（約5・5キロメートル）の地点では1千フィート（約300メートル）になるように降下していった。これによって進入降下角の表示がなくても約3度の適切な角度で進入が続けられた。

着陸灯を点灯したが、操縦席からは点灯したことを確認できなかった。着陸灯なしの夜間着陸になった。電球は点灯していたが、カバーについた付着物のために光が透過しなかったのである。副操縦士が速度を読み上げ、機関士が高度計の指示を読み上げながら滑走路に近づいた。

滑走路の両側に消防車が待機する中、着地はスムーズだった。機長は1番と4番エンジンを逆噴射し、3番エンジンは2番エンジンが停止していることを考えてアイドル推力で逆噴射した。

機が停止したとき乗客は緊張しすぎていたのか、特に反応を示さなかったが、一呼吸おいて拍手が沸き起こった。

全エンジンが停止してから約40分間の出来事であった。まさしく緊張と興奮の40分間であった。

飛行機は牽引車に引かれてスポット・インした。乗員たちは機体の外部を点検し、機体の表面にほこりが付着していることに気がついた。火山灰だった。

一ヶ月前にもジャカルタに来ていた機関士は、地元新聞に火山の爆発が報じられていたのを思い出した。

それによって、光の雨、エンジンの停止、速度計の異常、通信の異常、航法計器の不作動などの全ての出来事の原因がようやく理解できた。彼らは火山灰の雲の中を飛行していたのだ。

火山灰がエンジンの圧搾器のはねや、タービンに付着しエンジンを停止させたのであった。機内の煙も客室の与圧空気を通じて火山の煙や火山灰が機内に侵入していたことによるものであった。帯電した火山灰が電波通信に影響を与えたために通信に障害を起こし、空気の圧力を測る管に火山灰が詰まって速度計を狂わせていた。

噴火した火山はガルンガン山2168メートルで、活発な火山活動で知られている。

英国航空9便のエンジン停止の後、この航空路は閉鎖された。8日後には噴煙がおさまり航空路は再開されたが、英国航空機の出来事から19日後の7月13日には、シンガポール航空のジャンボ機が、メルボルンからシンガポールに向かう途中、同様に雲のように上空に達した火山灰に遭遇した。英国航空の事例を知らされていたためすぐに火山灰の中から脱出した。

その後この火山の噴煙を避けるために、飛行ルートがバリ島経由に改められている。

エンジンが四つとも同時に停止することは、確率から見れば天文学的数字であり事実上発生しないとよくいわれてきた。しかし実際には火山灰、燃料系統の破損による燃料不足や燃料の汚染によって生じるエンジン停止には、全エンジンが同時に停止する危険性がある。単にエンジンが1基ずつ停止する確率を積算しても意味がない。

事実カナダでは燃料の積み間違いから、双発機が、4万1千フィート（約1万2千メートル）で燃料切れになり、不時着した例が発生している。

全エンジンの同時停止は、経験することは確かにまれである。しかし、近くに空港がなければ致命的な事故になる確率は高い。

乗務員にしても全エンジン停止事態への対処は普通行ってはいない。シミュレーター（模擬飛行装置）で一度は体験しておくことが必要であろう。

油圧系統についても4系統が同時に不作動になり、操縦不能になる確率は10億分の1だといわれているが、実際にはこの20年間に、旅客機だけでも日航123便事故とユナイテッド航空232便事故のように2件も発生しており、10年に一度の確率で発生していることになる。操縦不能も致命的な事故になる確率が高く、操縦装置の機構的な改善が必要である。

日本にも火山は多く、その噴火はある程度予知されてはいるものの、この英国航空9便のような事態が発生しないとは断言できない。海外ではまだ火山の噴火予知が遅れているところもあり、十分な情報を素早く航空機に提供できる観測・通信体制の確立が重要となる。

緊急事態に対処した乗員たちの行動は高く評価され、機長と客室の責任者にはエリザベス女王からの表彰があった。

しかし、乗員たちの40分間の苦闘はまさにＰＴＳＤ（心的外傷後ストレス精神障害）に陥る危険性の高い背筋の冷たくなるものであった。まさしく寿命を縮めるフライトであったといえよう。

第7章　名古屋空港、中華航空エアバスA300墜落事故

1994年6月4日、中華航空140便、登録記号B1816、エアバスA300B4－622R型機は台北中正国際空港からパイロット2名（ワン・ロー・チー機長）、客室乗務員12名、乗客256名（うち幼児2名）を乗せて、名古屋小牧空港に向かって3万3千フィート（約1万メートル）から2万1千フィート（約6400メートル）に降下を開始した。ワン機長は約2年前、ボーイング747型機からエアバスA300に移行して来た。軍隊での5千時間を含めて8千時間程度の飛行経験を持っていた。

進入開始から事故発生まで、機長と副操縦士の会話を中心に、操縦席の状況を追ってみた。ヨーロッパ・タイプのエアバスはいわゆるハイテク型のコンピュータを多く使用した飛行マネージメント・システムによって、各種飛行状態に応じて選ばれたモードに従って飛行計器や、自動操縦、自動スロットルなどをコントロールしている。その結果、コンピュータで予定していない設定を行うと、うまく作動しないことがある。

着陸モードで飛行していたエアバスが、一度着陸を中断してゴーアラウンド・モード（自動操縦で着陸をやり直す方式）に切り換えた場合、そこから再び着陸モードにするような操作は想定

中華航空エアバスＡ300

外なのである。

そのために、エアバスでは一度間違って、ゴーアラウンド・モードにレバー（ゴー・レバー）を操作してしまうと、再び着陸モードに戻すにはやや複雑な手順が必要となっている。

しかし、多くのパイロットは、ボーイングなどアメリカ・タイプの簡単に自動操縦を切り離して手動操縦にかえられる飛行機での経験が長く、とっさの場合には、体で覚えた反応をしてしまう傾向がある。

そのような背景を念頭に置きながらこの飛行の経過を見てもらいたい。

先行機の残した乱気流

名古屋空港に近づいた19時58分、名古屋アプローチ（空港周辺管制）に管制が移された。

20時02分35秒、フラップが15度まで下げられた。次第に高度を下げ始めたが、時々大きく揺れて、機長が

「ワー」と声を上げる場面もあった。

20時07分14秒、滑走路34へのＩＬＳ（計器着陸装置）を使用して進入することを許可された。管制が空港の管制塔に切り替えられた。その直後にもエアバスＡ３００は大きく揺れて、今度は副操縦士が声を上げた。

副操縦士が「いつもこの付近で揺れますね、まともに先行機の残した後流（前を飛んでいる飛行機が引き起こす乱気流）に入りますね」と機長に話しかけた。機長も「そうだね」と相槌を打っていた。副操縦士はさらに「おかしいな、今日は最初から最後まで後流に入っているようですね」とやや不安そうな声を出していた。

飛行経験１６００時間ほどの新米の副操縦士としては、最終進入コースで気流が悪いと、滑走路近くでの細かい修正に自信がないために多少不安を感じるものである。若いパイロットなら誰もが経験することである。

機長は「方向舵をしっかり足で支えていなさい。揺れがそんなにひどくならないから」とアドバイスしている。

ＩＬＳ進入（計器着陸装置による進入）を開始する直前にこれまで使用してきた2番の自動操縦装置に加えて、１番の自動操縦装置も併用するためにスイッチが入れられた（着陸時、安全のために両方の自動操縦装置を使う）。

08分41秒、ＩＬＳのコースに乗った。この後の機長と副操縦士の会話を見てみよう。

機長　前の機は、ワァー（また大きく揺れた）、君、速度をもう少し殺したほうがいいよ。
副操縦士　教官（機長）、あれは747じゃないですか？
機長　747かどうか分からないが、君もう少し速度を殺したほうがいいよ。170ノットまで……そうしないと、あれにくっついて行ったんじゃ、ひっくり返っちゃうよ。
機長　低空での修正は、少し小さめにやるんだ、大きく修正しないで。少しずつ、スムーズに。

このような会話が交わされている。中華航空140便の前に着陸する飛行機がいて、その後流にはいり時々大きく揺れていたことが推察される。

副操縦士　（突然大きく揺れた後で）ウインド・シヤー（風の急変によるゆれ）。

と叫んだ。

機長　気にするな。それは……もうちょっとしたら、全神経を集中してこれを注意しておけばいいんだ。

副操縦士は、「はい、教官」と緊張したような答えを返している。この副操縦士の返事を聞いて、機長は操縦席の椅子の位置を調整している。機長は気流の乱れが大きくなれば、場合によっては操縦を代わらなければならない状態になるかもしれないと考えたのではないか。機長がいう「これ」は、ＩＬＳのコースとグライドスロープ（進入角度）からのズレ等を見やすく示すＰＦＤ（基本操縦計器）だと思われる。

副操縦士　（グライドスロープが）入りました、教官。

その時、グライドスロープやＩＬＳのコースの計器上の指示が揺れたものと見られる。ＩＬＳで前方に飛行機がいると電波がその影響を受けて、コースやグライドスロープの表示がゆれることは日常発生する。

機長　飛行機が多すぎるから、仕方がない。

副操縦士　じゃあ、自動操縦を切ります。

自動操縦がゆれるＩＬＳの指示を追従しようとして過敏に機体が動くのを避けようとしたのである。

機長　いいよ、手動で飛べば。

ここで両方の自動操縦のスイッチが切られた。

機長　グライドスロープに乗った。もう問題はない。

誰が自動操縦にしたのか？

アウターマーカー（滑走路から約12・8キロの地点にある無線標識）を20時12分19秒に通過し、管制塔から着陸許可が出された。アウターマーカーを通過した高度はパイロットによって確認はされていないが、FDR（飛行記録装置）のデータによると2345フィート（約715メートル）で規程どおりの高さであった。同機はILS進入を続けた。

20時12分42秒、フラップが20度まで使用され、速度を150ノット（時速約278キロメートル）に下げた。

高度が2千フィート（約600メートル）を切った、20時12分56秒車輪が下ろされた。20時13分13秒車輪が完全に降りて、3個のグリーンの表示灯が点灯した。

20時13分14秒、フラップが40度（最大）まで下げられ、接地後機体の速度を落とすためのスポイラーが、準備状態にセットされた。着陸灯も点灯され、着陸準備は整った。続いて着陸前の最終点検が行われ着陸態勢は完了した。

ここからがこの事故の核心部分で、機長と副操縦士の会話に注目が集まっている。

20時13分43秒　管制塔から「Clear to land」（着陸支障なし）の許可が出された。
20時13分57秒　着陸灯が全て点灯された。
20時14分06秒　機長　エッ、エッ、アレ。
　と異常を発見したと見られる声を発した。
20時14分09秒　カチャ、カチャ、カチャ。
　と着陸のモードが変化したことを示す警報が鳴った。
　エンジンの推力（ＥＰＲ）が１・１から１・21に急増した。

機長　君、君はゴー・レバーを引っ掛けたぞ！
副操縦士　はい、はい、はい。少し触りました。

　ゴー・レバーは、ゴーアラウンド・モードにするためのレバーである。これは二人のパイロットの間にある推力レバーの付け根付近の小さな出っ張りで、これに指を掛けて引き上げると、着陸をやり直すためにエンジン推力が自動的に増加する。パイロットがエンジンの操作を自動に任せて操縦に専念できるように設けられている。この事故機の場合、副操縦士が誤って引き上げたためエンジン推力が増加したのである。その結果、降下せず機体は水平に飛行し、ＩＬＳの進入角を示すグライドパスから外れて高くなった。

機長は「それを解除して」と指示している。しかしこの「それ」が何を指すのか問題となっている。重要な段階で代名詞の使用は誤解を招きやすい。このような段階では操縦を担当している副操縦士は着陸のコースと、降下角に乗せようと集中しているので、明確に指示しなければ直ぐに認識することは出来ない。

副操縦士　はい。
機長　それ。
副操縦士　ええ。

それまで使用されてなかった自動操縦が20時14分18秒、再び使用されている。しかし、機長も副操縦士もそれを声に出していない。どちらが操作したのかはっきりしない。どちらが自動操縦を入れたにせよ、自動操縦装置を使用してＩＬＳのコースと進入角に飛行機を乗せようとしたものと思われる。

20時14分20秒　機長　君見て、外を見て外を、それを押して、そう、君、それを……スロットルを切って。
副操縦士　ええ、高すぎる。

機長　君は、ゴーアラウンド・モードを使ってるぞ。いいから、ゆっくり、また解除して、手を添えて。ゴーアラウンド・モードは解除したのだな。
副操縦士　はい教官、解除しました。
機長　もっと押して、もっと押して、もっと押して。
副操縦士　はい。
機長　もっと押し下げて。

20時14分40秒

機長がもっと押してといっているのは、おそらく操縦桿だろう。もし機長に自動操縦を使用している認識があれば当然、操縦桿を押せなどという指示は出さない。この間、自動操縦と人間が力比べをして、操縦桿を取り合っている状態にあった。フライトレコーダーを見るとパイロットが機首を下に押さえようとするのに対して、自動操縦装置は機首を上げようとして、水平尾翼の角度を、大きく機首上げ方向に動かしていた。

この操作が致命的な事態に結びついた可能性がある。機長が自動操縦に接続されていることを知らないで、あるいは勘違いして、副操縦士に自動操縦と格闘することを命じてしまったために、自動操縦は機首を押さえようとする人間に対抗して、水平尾翼を機首上げ一杯まで動かしてしまった。

この時どちらかのパイロットが、水平尾翼の角度を示す表示をチラッとでも見ていれば、まだ事故を回避するチャンスがあったかもしれない。

20時14分45秒　機長　今、ゴーアラウンド・モードになっているぞ。
副操縦士　教官、オートパイロット、解除しました。

自動操縦は20時14分48秒ごろに切れているが、そのときはすでに水平尾翼は最大限、機首あげ位置に角度が調整されていた。そのため、手動で機首を下げようとしても大きな力が必要で、それが次の副操縦士の言葉に現れている。

20時14分51秒　副操縦士　やっぱり押し下げられません、ええ。
機長　私の、あのランディング・モード（着陸モード）は？　いいから、あわてずに。

機長は着陸モードのスイッチを押せば、ゴーアラウンド・モードが解除されて、着陸モードになると誤解していたようである。

20時15分02秒　副操縦士　教官、スロットルがまた自動になりました。
機長　ＯＫ、私がやる、私がやる、私がやる。
副操縦士　解除して、解除して。

20時15分08秒　機長　一体どうなっているんだ、これは？
副操縦士　解除して、解……。
機長　ゴー・レバー、ちくしょう！　どうしてこうなるのだ？
20時15分14秒　副操縦士　名古屋管制塔、中華航空、ゴーアラウンドします。
［グライドスロープ！（進入角から外れたときに鳴る警報音）］
機長　エッ！
［フラップレバーの操作音（2～3回クリック音）］（著者・フラップをゼロあるいは前縁フラップだけ15度にしている。この操作は機長が命じたという記録が残っていない。副操縦士が自分の判断で、ゴーアラウンドのために行ったと見られる）
機長　エッ、これじゃ失速するぞ。
［非常警報（マスター・カーション）のチャイムの音］
20時15分25秒　機長　終わりだ！
［失速警報（2秒間鳴った）］
副操縦士　早く、機首を下げて！
［フラップレバーを操作する音（クリック音が1回）］（著者・フラップが15度下げられた）

［非常警報のチャイムの音］
副操縦士　セット、セット、機首上げて！
20時15分34秒
機長　いいから、いいから、あっ、あわ……、あわてるな、あわてるな。
副操縦士　パワー、パワー、パワー！
20時15分40秒
機長　アッ、ワァッ！
［失速警報（最後まで鳴り続く）］
副操縦士　パワー！
機長　終わりだ！
副操縦士　パワー！
機長　アァー！
副操縦士　パワー！　パワー！
20時15分45秒、録音終了。

事故後の救助活動で16名が付近の病院に搬入されたが、うち6名は病院到着時にすでに死亡が確認された。さらに3名は病院で命を失った。その結果乗員乗客２７０名中7名が重傷を負いながらも生存。生存者は全員、主翼付根付近の前方に着席していた。死者は２６３名に上った。

解除できなかったゴーアラウンド・モード

20時14分05秒に副操縦士が誤ってゴー・レバーを操作し、着陸を中断するゴーアラウンド・モードにしてしまった。そのためにエンジンの出力が増加し、自動操縦は上昇させるように機首上げの操作を行った。機体は降下から水平飛行状態になった。それを解除することが出来ないまま、最終段階まで進んでいったことが命取りになっている。では、いったいなぜ？

ゴーアラウンド・モードを解除するには、やや複雑な操作が必要であり、単に着陸モード・スイッチを押しただけでは解除できない。

先ず機首の上下については着陸モード以外の例えばV／Sモード（上昇降下モード）にいったん切り替えなければならない。さらに機首方位についても、機首方位選択モード等の別のモードにいったん切り替えなければゴーアラウンド・モードをはずせない。

このような2段階の手順を踏むことは、一見安全性の確保に役立っているかに見えて、実は中華航空140便のように混乱している時には適切に行えない危険性がある。自動操縦は常に事故を回避するために正常に働くとは限らず、とっさの場合にはパイロットの一挙動で解除でき手動に切りかえられる必要があるように思う。また良し悪しはべつとして、これまで多くのパイロットは自動操縦をワンタッチで解除できる飛行機を操縦してきた歴史がある。この機長もワンタッチで手動に切りかえられるジャンボ機に2年前まで乗務していた。それは多くのパイロットの体に染み付いたものともいえる。このような長年体で覚えてきた動作は、とっさの場合に反射的に行われてしまう。

ハイテク機といっても、実はハイテクそのものは安全向上を主眼になどしてはいない。航空機の乗員の養成には高いコストがかかる。そのために航空会社は人件費削減に熱心であり、航空機メーカーはこのような航空会社の要請にこたえようとする。航空機関士の乗務を廃止したのも、人件費を削減し運航コストを引き下げることが主目的である。将来は一人乗り、あるいは無人の旅客機を目指しているといううわささえ聞かれる。軍用機の世界ではすでに実用化され、無人偵察機は広く使われている。

この事故について、航空機関士が乗務していれば避けられた確率は高いと見るパイロットは、とても多い。

パイロットは二人いても、思考傾向が類似しており同じような方向に注意が向きやすく、同じような誤りをすることがよく指摘される。機関士にはパイロットと異なった細かい点を系統的に追求する傾向がある。

この組み合わせが重要なのであって、今回のようにゴーアラウンド・モードを解除する手順についても、機関士は正確に手順を踏んで解除する可能性が高い。パイロットは目前にある滑走路に何とか飛行機をつけようとしやすいが、機関士は違った観点から運航を見ているということだ。着陸許可なしに着陸しそうになるのがパイロットであり、それを救っているのは機関士ともいえる。パンナムと、KLMのジャンボ機同士が衝突し、世界最大の死者を出したテネリフェ事故でも、離陸を開始しようとしたKLM機の機長に、最後に「パンナム機が滑走路上に、まだいるのではないか？」と指摘したのは機関士であった事実はよく知られている。機長が焦らないで機関士の指摘を聞き入れていれば、あの大惨事は避けられた。

この事故でも機長と副操縦士の会話を見ると、かなりの部分副操縦士が操縦を担当しながら、機長から多くの注意や指示を受け、緊張しすぎている感じが強い。航空だけでなく、一般の仕事においても企業側で業務に当たる人のコンビネーション、意思疎通のスムーズさについて配慮することが安全向上につながることは言をまたない。

この事故を振り返って、いわゆるハイテク機に対する世の人々の誤解を強く感じた。コンピュータ信仰とでも呼びたくなる。コンピュータといえば人間より正確で安全上の判断までゆだねられるものと世間は誤解している。コンピュータは「人間が入力した作業を行う物」であり、ハイテク機は最終的には「人間が判断して飛ばしている物」である。

中華航空機事故は、エアバスに基本設計の段階で人間とコンピュータの関係を捉え直すよう迫ったとも言えよう。コンピュータが人間の判断より優先され、人間がコンピュータを解除しにくいところにこの事故の大きな原因があったともいえる。

ゴーアラウンド・モードは事故後、ワンタッチで解除できるように勧告が出され、しばらくして、ようやく改修された。

繰り返された同種事故

しかし、その改修勧告が出された後、同じような事故が起きている。中華航空エアバスA300が1998年2月16日20時09分、霧が立ち込め視程が3千フィート（約900メートル）ほどの気象状態の中、台北の中正国際空港に進入、グライドスロープ（進入角度）からはずれ、滑走路の端から1・2海里（約2キロメートル）ほどの地点で1千フィート（約300メートル）近くも高くなりゴーアラウンドを管制官に通報した。滑走路端付近を1500フィート（約500メートル）付近の高度で通過し、車輪を上げ、フラップも20度まで上げられた状態で上昇したが、高度が3千フィート付近に達した時には機首角度が42・7度まで上を向き、速度は45ノット（時速約83キロメートル）に低下した。失速状態で操縦不能の降下に陥り、滑走路を少し過ぎたところに墜落し高速道路に衝突、付近の民家、養魚場、工場などを破壊し爆発炎上した。

フライトレコーダーに記録された情報から、自動操縦装置が解除された直後から機首上げが始まり、失速墜落したことが判明した。

墜落に至る経過は名古屋での中華航空機の事故に酷似しており、教訓は活かされなかったということになる。率直にいって我が国の「事故調査報告書」は欧米のレベルには達しておらず、その中で記された改修勧告もすぐには実行されないのが現実である。その意味で日本の事故調査は残念ながら再発防止の役に立たないといわざるを得ない。

第8章　羽田沖、全日空ボーイング727墜落事故

到着予定時刻を過ぎてもC滑走路に全日空JA８３０２号機は姿を見せなかった。

「千歳発全日空60便はまもなく到着いたします」。羽田空港の到着ロビーにアナウンスが流れてからどれくらい時間が経ったろう。沖縄からの国際線、日本航空コンベア８８０型機は、ほぼ定刻の19時04分にA滑走路に着陸していたが、全日空ボーイング７２７型機は定刻の19時05分をまわっても、姿を現さない。

１９６６年2月4日、「札幌雪まつり」の観光客など１２６名もの乗客を乗せた全日空のボーイング７２７が、東京湾で消息を絶った。乗員7名、合わせると１３３名。

「全日空60便は、到着が遅れております」。混雑したロビーでは、アナウンスの声に誰一人まだ事故を疑う者などいなかった。

19時40分、NHK総合テレビがニュース速報を流した。到着ロビーに置かれていたテレビが「遭難」を知らせる第一報を2度、3度と繰り返した。

「今日午後5時55分、北海道の千歳空港を飛び立ち、羽田に向かった全日空の大型旅客機が東京湾の上空で消息を絶ちました」

ボーイング727の同型機

「ＪＡ８３０２、着陸灯を点灯せよ」

北海道の千歳空港を離陸した全日空60便は、通常の巡航速度（時速９００キロメートル）と巡航高度で東京、羽田空港を目指していた。18時50分に初めて東京アプローチと交信を開始した。

18時50分00秒　全日空　東京アプローチへ、こちら全日空ＪＡ８３０２、高度１万４千フィート（約４３００メートル）に向け降下中。

18時54分27秒　全日空　高度１万６千（約４８８０メートル）を通過。木更津までのＩＦＲ（計器飛行）の許可を求む。

管制官　東京ＶＯＲ（千葉県佐倉市の無線標識所）を１万４千フィートで通過し、１万フィート（約３千メートル）まで降下せよ。

18時56分28秒　全日空　こちらJA8302、東京VORを通過した。
18時56分41秒　管制官　了解。
18時58分37秒　全日空　高度1万1千フィート（約3350メートル）を通過中。
　　　　　　　管制官　東京アプローチへ。こちら8302、IFRを取り消した。
　　　　　　　全日空　了解、江戸川ポイントに進入しながら、東京タワー（離着陸管制）と交信せよ。

全日空機は、決められた航空路を指示に従って飛ぶ計器飛行IFRを止めて、目視によって自由なコースを飛ぶ有視界飛行（VFR）を取ったのである。ここで、レーダー管制官はタワーの有視界飛行を担当する管制官にその任を引き継いだ。

18時59分04秒　全日空　東京タワー、8302、IFRを取り消しVFRで着陸、千葉を出た。着陸指示を乞う。
　　　　　　　管制官　滑走路33Rへの右旋回によるベースレッグに入るときに連絡せよ。

ほぼ同時にアプローチに入っていたジェット機がほかにも1機いた。日航のコンベア880である。日航機は計器飛行で木更津上空から羽田に迫っていた。タワーから管制官の目にも日航機の赤い灯が確認された。

全日空60便・ボーイング727の航跡図

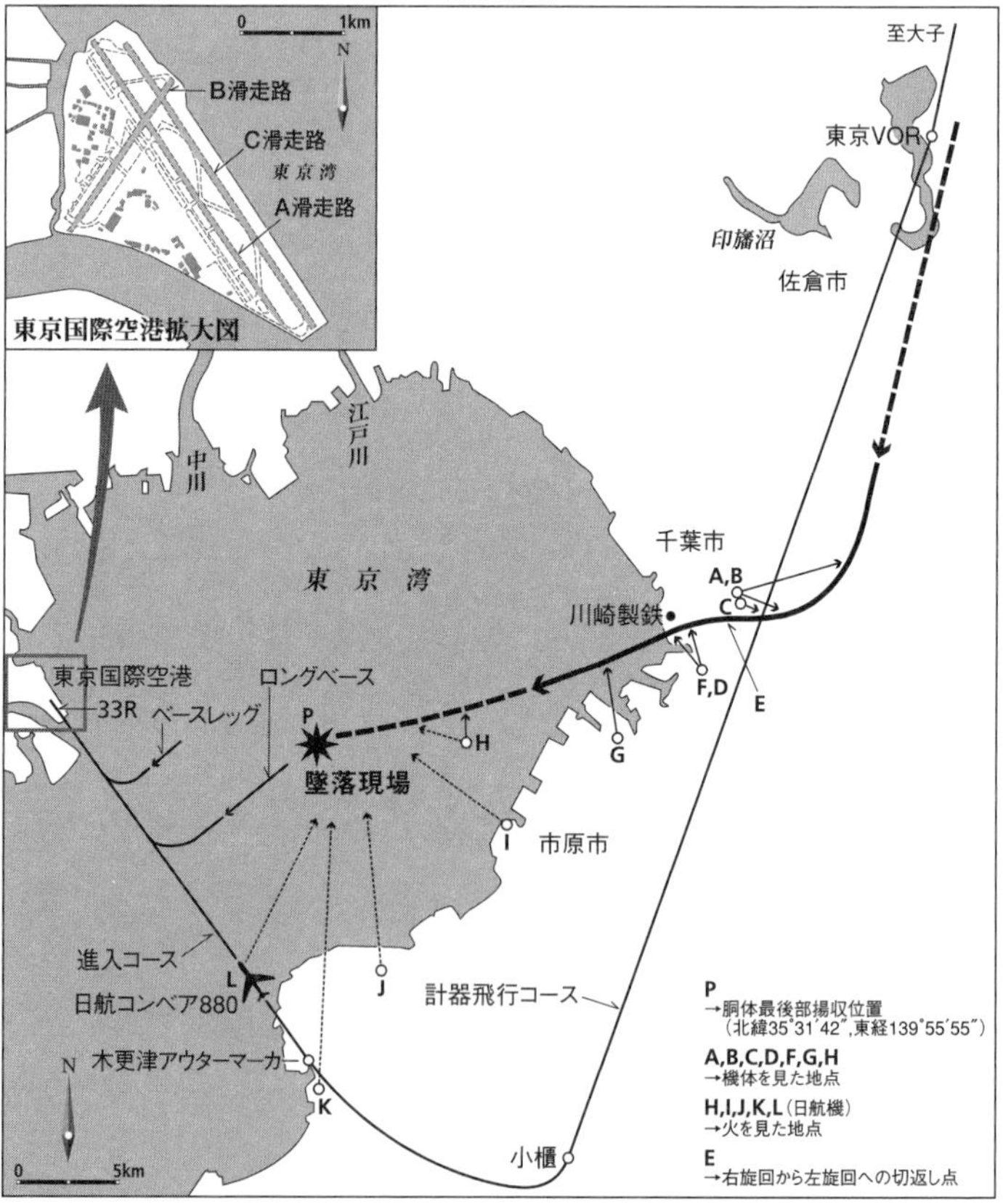

0 1km
N
B滑走路
C滑走路
東京湾
A滑走路
東京国際空港拡大図
至大子
東京VOR
印旛沼
佐倉市
江戸川
中川
千葉市
東京湾
A,B
C
川崎製鉄
F,D
E
東京国際空港
33R
ロングベース
ベースレッグ
P
H
G
墜落現場
I
市原市
進入コース
L
J
日航コンベア880
計器飛行コース
木更津アウターマーカー
K
小櫃
N
0 5km
P
→胴体最後部揚収位置
(北緯35°31′42″,東経139°55′55″)
A,B,C,D,F,G,H
→機体を見た地点
H,I,J,K,L(日航機)
→火を見た地点
E
→右旋回から左旋回への切返し点

19時00分10秒　管制官　コンベア880が30秒前にアウターマーカーを通過したが、見えるか、どうぞ。

19時00分20秒　全日空　現在は見えない。今ロングベース。

管制官は、2機が接近しすぎないように配慮し、「ロングベース」（ロングベースは飛行場に有視界飛行で着陸する際の飛行経路の一つで通常よりも遠くから最終進入に直角に入る経路のこと）のコースで進入して来る全日空機をC滑走路に、日航機をA滑走路に下ろすことにした。管制塔からは全日空機を視認できなかった。

19時00分51秒　管制官　JA8302、着陸灯を点灯せよ、どうぞ。

これに対して、全日空機からの応答はなかった。

19時01分21秒　管制官　全日空ジェット8302、現在位置を知らせ、どうぞ。

19時01分31秒　管制官　全日空ジェット8302、こちら東京タワー、聞こえるか、どうぞ。

沈黙。刻々と時間が過ぎていった。A滑走路にはすでに日航コンベア880が着陸した。C滑走路にボーイング727の特徴ある姿は現れない。

19時13分、管制官は緊急通報を行った。「全日空JA8302、行方不明、遭難の可能性あり」。この報を受けた航空保安事務所航務課は、19時30分、捜索救難調整本部を設置した。

竹芝桟橋の遺体

その日、私は都内の法律事務所で当時争っていた裁判の打ち合わせをしていた。夜9時を回った頃、自宅に戻る途中、羽田の事務所に電話を入れたところ、「全日空機が行方不明になっているのを知ってる？　727がVFR（有視界飛行）で着陸しようとしていたが、東京湾上で行方不明だ」と同僚から聞いた。狭い東京湾でジェット機が行方不明になどなり得ない。どこかに着水したか墜落したかのいずれかだ。すぐに、羽田へ引き返した。途中、「日航のコンベア880のパイロットが、木更津から羽田の間で、右前方に火を見た」という情報が飛び込んできた。

2月4日夜の気温は、航空気象情報によると華氏50度（当時の航空気象情報はアメリカ式に華氏を用いていた、摂氏約10度）。北北西12ノット（秒速約6メートル）の風が吹いていた。体感温度はもっと低いように感じられた。

羽田には午後10時を回った頃に着いた。日付が変わって5日になる頃、「海上で機体の破片が回収され、竹芝桟橋に運ばれてくる」というニュースが流れた。すぐに、竹芝へ向かった。真っ暗なかに、報道関係者の姿も数名が見えたが、最近の過熱した報道合戦に比べれば人影はまば

事故後12日目に引揚げられた尾部

らといえた。

海上で捜索を続けていた千葉海上保安部の巡視艇が、男性の遺体を発見、窓がいくつか並んだ機体の一部も回収した。4日23時55分だった。墜落が確実な事実になった瞬間である。「行方不明」の第1報からおよそ4時間後に羽田で待つ人々が「遺族」となった。この知らせにほかの船舶、ヘリコプターも羽田の東南東、約15キロメートルの海上に集結した。次々に遺体が収容され、「全日空」の文字が鮮やかに刻印された機体の残骸も見つかった。

午前2時頃、関係者が待つ竹芝桟橋に巡視艇「ゆきかぜ」が接岸した。船上には機体の一部と見られる外板やライフベストが積まれていた。それらと並んで毛布で覆われた遺体の足先が冷たく見えている。遺族が数人走り寄ったが、誰なのかは分からなかった。検死のために棺に入れられて運ばれていく。

しばらく呆然と立ち尽くした後、家路についた。寒さが身にしみる冬の早朝だった。

1966年、魔の空

ボーイング727の事故は、133名という世界最大（当時）の死者を出す惨事となった。1966年は、日本の空に航空機事故が相次いだ魔の年だった。

2月4日の全日空機事故。

3月4日、カナダ太平洋航空（CPAL）のDC－8型機が濃霧の夜、羽田空港にレーダー誘導（GCA）で着陸する際に滑走路手前の岸壁に激突し64名死亡、8名重傷。

3月5日、前日のカナダ太平洋航空機の残骸を横目で見ながら離陸した英国海外航空（BOAC）ボーイング707型機が富士山麓、太郎坊上空で空中分解して墜落、搭乗者124名全員死亡。

11月13日、全日空YS－11型機が松山空港の1200メートル滑走路に一度は接地したが、着陸やり直しのために再上昇中、失速して海に墜落し50名死亡。

この年、日本の空で消えた命は、371名である。

1966年は、日本の航空界にもジェット時代がしだいに定着しつつあった頃である。まず、日航がコンベア880型機で先鞭をつけ、羽田・札幌間に初めてジェット機を導入した。1963年9月のことである。遅れてはならじと全日空がボーイング727型機導入を急いだ。1964年1月、日航と共に727選定を決めた全日空は、1965年5月の正式就航に先駆けること1年、1964年5月にチャーター機を羽田・札幌間に飛ばす。日航への対抗意識がそうさせた。

こうしたジェット化の波は、一方で空の安全に重大な脅威ともなっていった。在来のプロペラ機と航空路を共有したジェット機は、速度の遅いプロペラ機に追い越し、割り込みをかけることが増えていたのである。当時、私も国内線のジェット機に乗務していたが、有視界飛行で空港に進入することに危険性を感じていた。ジェット機は高速で空港近くまで飛んできてスピードブレーキを使えば小回りして着陸することが可能だ。ジェット機にとって、のろのろ飛んでいるプロペラ機の前に滑り込むことは何でもないことだった。

当時、東京・大阪間を、有視界飛行をうまく使って28分で飛んだという記録もあった。逆にプロペラ機に乗っていた頃は何度もジェット機に割り込まれた経験があった。これは速度差が大きかったので仕方がなかったが、安全上は問題だった。

実際、狭い空域を速度差が2倍近くもあるジェット機とプロペラ機が入り混じって飛行しているため管制官もパイロットも苦労していた。空港施設はまだ不十分で、羽田空港にも計器着陸装置（ILS）はまだ完全に常時稼働はしておらず、精密レーダーによる誘導（GCA）が主であった。

東京オリンピック開催を機にジェット機が増加したため輸送量が急増した。空の上だけでなく、整備士も地上勤務者も仕事量が激増していた。日本の高度経済成長に航空界は追いついていなかったとも言える。

1966年2月1日、私は乗員・整備士などと共にパレス・ホテル近くの運輸省航空局（当時）に行き、これらの実情を伝えるため航空局長に面会した。一通り我々の話に耳を傾けていた航空局長は、面白くもなさそうにこういい放って退席した。

「あんたがたは、近く事故でも起こるというのかね」

「夢のジェット機」

ボーイング727が、アメリカで初飛行に成功したのは、1963年春のことだった。彼の地での就航は翌64年3月。全日空が国内線就航に合わせて作ったパンフレットには次のように謳われている。

「短い滑走路で離着陸できる。着陸進入速度が遅い。しかも巡航速度は音速に近く短距離区間でも経済的に運航できる。この3点を設計の基本目標として、10年をこえる研究と開発により完成されたボーイング727、これこそ、近距離都市間のジェット化という、第2のジェット時代のための最新鋭機なのです。まさに日本の国内線には理想的なジェット機といえましょう」

確かにジェット機なのにプロペラ機が離発着していた長さの滑走路でも使用可能だったし、リア・エンジン（エンジン3基を後ろにつけた）で客室は静かだった。タラップを内蔵した新機軸は、タラップ車のないローカル空港にも乗り入れ可能である。とにかく、さまざまのキャッチ・コピーで売り出された、ボーイング社の社運を背負った近距離旅客機だった。

その甲斐あって727は、たちまち世界の航空機市場を席巻した。注文は殺到し、一躍「ベスト・セラー」に躍り出た。それまでプロペラ機で2時間かかった羽田・札幌間が1時間、1時間10分かかった羽田・大阪間が30分で飛べるようになった。

3基のエンジンをお尻につけ、水平尾翼を垂直尾翼の上に載せたT型の尾翼は、航空関係者のなかには失速時の回復力に疑問を持つ者がいたにせよ、一般の旅客にはかえって斬新な新鋭機のイメージを与えた。

短い滑走路での離着陸を可能にするために、離着陸時の揚力を増大させる4枚のフラップは、後方から見ると「ブラインド」と呼ばれるようにせり出し、翼の面積を大きく広げた。これだけフラップの効果が大きいと、それが故障した場合のマイナスの影響も非常に大きい。これが作動しないと、ものすごい高速着陸になると懸念する者もいた。

727は東京湾での事故の前年1965年にもアメリカで3件の事故を起こしていた。

1件目は、8月16日、ユナイテッド航空機がシカゴ空港への着陸のため6千フィート（約1800メートル）まで降下中、レーダーから機影が消えて行方不明になり、ミシガン湖の湖底に沈んでいる機体が発見された。搭乗者30名全員死亡。

2件目は、11月8日、シンシナティ空港に着陸しようとしていたアメリカン航空383便が、気象状態が不安定ななか17時過ぎに、滑走路から約3キロメートル手前に墜落、死者54名、重傷4名。

3件目は、その3日後の11月11日に発生した。ソルトレークシティの空港に着陸しようとしていたユナイテッド航空227便が、急激な降下の後、滑走路手前100メートルの地点で接地、車輪が脱落したまま約600メートル滑り、機体が右を向いて停止。火災が起きて乗員乗客43名死亡、54名負傷。

後の2件は、フライトレコーダーを積んでいたこともあって、事故調査に支障はなかった。両件とも急激な降下を引き起こしたとしてパイロットの操作が問題とされたが、機体の性能は問題なしと処理されていた。だが、そうはいっても全日空の事故を入れると、世界で半年間に4件の事故が起こったことになる。

これほど短期間に同型機が4件も連続して着陸時に事故を起こしたことで、機体の飛行特性に注目が集まっていた。727に対する信頼性が大きく揺らぐのではないかと危惧する声もあった。

ところで、事故機は全日空で2機目に購入した727だったため、社内では〝次男坊〟と呼ばれていた。試験飛行の時、一時的に操縦が不安定になり、「次男坊は落ち着きがない」などと、とかくの風評が私の耳にも入っていた。それはともかく、この機体には不運がつきまとった。1965年11月、整備中に火が出て一部の電気系統が焼けてしまう。この修理に11月12日から2週間をかけている。それが終わって直後の12月1日には作業車と接触事故を起こし左翼を損傷、再び修理に2週間を要している。

私はこの727の飛行日誌を見たことがある。墜落事故までに3番エンジンの振動が次第に増加していたことが記録されていた。

結成された「事故調査団」

1966年当時、日本にはまだ常設の航空事故調査機関はなかった。事故が発生するとそのたびに人選し、急造の「事故調査団」が結成された。全日空機事故のときは木村秀政・日本大学教授を団長に任命、「全日空機羽田沖事故技術調査団」を正式名称としたが、「木村調査団」と一般に呼ばれていた。

木村教授は、当時の我が国を代表する航空工学の権威だった。国民の間には、戦後初めての国産旅客機「YS－11」型機の技術委員長、いわば〝生みの親〟として広く知られた存在だった。我々パイロットも、科学的な事故調査を行ってくれるものと信じ期待していた。

この頃はまだボイスレコーダーやフライトレコーダーの搭載義務はなく、全日空60便にも積まれていなかった。事故発生直後、在日アメリカ空軍からフライトレコーダーの解読用の機材を提供する旨の意思表示があったが、ご厚意は気持ちだけ頂戴することになった。したがって、ここ四半世紀以内に行われた事故調査よりははるかに条件は良くなかったと言える。そして、悪条件のなかアメリカの思惑も重なり、事故調査を巡ってはさまざまな人間ドラマが展開されることになった。

簡単に説明するなら、「727無謬説《むびゅう》」に近い立場を取って、機体には問題はなく何らかの操縦ミスをパイロットが犯した可能性を強く示唆する主流派と、機体に生じたトラブルによって墜落したとする非主流派の対立である。

木村は、ボーイング727の国内導入の際、その優れた特性を強く支持した。羽田沖事故が起こってからも、その所見に変化は見られなかった。「ひじょうに優れた飛行機」という発言も聞かれた。


木村調査団は1970年9月29日、最終報告書を公開した。

事故の概要は、

「同機は18時59分ごろ千葉市上空付近で計器飛行方式を取り消し、有視界飛行方式で東京国際空港（羽田空港）に進入中、19時00分ごろ東京湾に接水して大破した。同機には旅客126名及び機長以下7名の乗務員が乗っていたが、全員死亡した。

JA8302が夜間有視界飛行方式としては異常な低高度で東京湾上空に進入し『現在ロングベース』と通報した後、接水するに至った事由を明らかにすることはできなかった」

と、まとめられている。

要するに、「事故原因はわからなかった」ということにつきる。

事故調査は、事故原因を科学的に究明し、その原因を取り除くことによって、事故の再発を防止するために行われる。事故の原因がわからなければ同じような事故が再発するかも知れないということである。それでは病院で多額の費用をかけて精密検査を受けても診断がつかず治療方法なしといわれるのと同じことである。

「原因不明」からは何も生まれてこない。だが、調査団のなかには、果敢に原因に肉薄しようと科学的な論証を積み重ねた人々もいた。「原因不明」とする調査団員の主流派からは冷ややかな目で見られていた非主流派の山名正夫・東京大学教授、調査団の名簿には載っていないが航空局の調査官随一の経験者、楢林寿一《ならばやしとしかず》である。

第3エンジン

事故から12日が経った2月16日、ボーイング727の特徴的な機体尾部が海底から引き上げられた。そこには、左側の第1エンジンは付いていたが、右の第3エンジンはなかった。3日前の13日に引き揚げられていた中央第2エンジンは、機体の進行方向中心線からさほど離れていない場所で見つかっていた。だが、第3エンジンは海底探査を行ってもなかなか見つからなかったのである。

楢林は、つとにこの第3エンジンに注意を払っていた。「何か、おかしい」と感じていた。彼の持説は後に紹介するが、このたたき上げの調査官は第3エンジンが事故の原因につながりがあるのではないかと薄々疑っていたのである。

回収された計器盤を調べると、3番エンジンの推力を示す針がほかの1番2番エンジンの半分ほどしか振れていなかった。3番エンジンの推力は、ほかの二つより低かったのではないか？

3番エンジンの機体側の取り付け部に、切れたボルトによる打痕が付いていた。第3エンジンは脱落前に一部が機体から離れて激しく振動し胴体側に傷を付けたのではないか？

楢林はいくつかの腑に落ちない問題に首をひねり、第3エンジンの回収に期待した。

それから3日後の18日、第3エンジンは第2エンジンの（機体進行方向に向かって）右真横70メートルの地点に発見された。サルベージ船に飛んでいった楢林は早速エンジン取り付け部に残っていたボルトを確認した。ボルトは折れていた。飛行中に折れたのか、墜落のショックで破損したのか。

楢林は、破損したボルトを持って、鎌倉の山名の自宅を急襲した。調査団の中では非主流派である山名東大教授の見解を仰ぎたかったのだ。丑三つ時をとっくに過ぎた頃、航空工学の碩学の部屋だけに煌々と明かりがともっていた。だが、山名は即断を嫌い、結論は持ち越しになった。

翌日、楢林は調査団の面々を前にして、第3エンジンの取り付けボルトの折れ方、機体側に付いた打ち付けられたような痕について持説を展開して見せた。結論は、ボルトは墜落前に折れていた、というショッキングなものである。

山名をのぞいて一同皆、懐疑的だった。

このころ、私は楢林を訪ねている。当時の新聞報道は、原因不明としながらもアメリカの調査官のコメント「高度計の読み間違い」「低く降下しすぎた」を下敷きにした「パイロット・ミス」を匂わす報道が多かった。会って最初に話したことは、事故当日は視程（見通し距離）も10マイル（約16キロメートル）あって雲も低いところにちらほらしかなかった。有視界飛行で空港に近づいて「ロングベース」と報告している。つまり、空港との位置関係は認識できていたのである。もしこの地点で海面に近づいていたら羽田は見えない。したがって、降下しすぎで誤って海面に着水することなどあり得ない。操縦不能でない限り、考えられないのではないかと質した。

戦前からのベテラン・パイロットで技術者でもあった楢林は、「それは、パイロット的な考え方だな」と私を覗き込んで目を大きくした。別れ際に「おまえ、山名先生に紹介するよ。きっと役に立つぞ」といわれた。山名の名は戦時中の日本海軍機の設計者として子供心に憶えていた。ぜひ紹介して欲しいと頼んで、その日はおいとました。

楢林はこの後2年あまりで航空局を去る。調査を巡って調査団、航空局上層部と対立したためといわれている。退官は、１９６９年3月末日付であった。

アメリカからの調査団

先述した3件の生産国における７２７の事故調査結果を手にやってきたのが、アメリカＣＡＢ（民間航空局）のフィンチ、チャイルズの2氏である。事故の5日後、９日に来日した２人はアメリカでの７２７事故の経緯を説明し、「機体に異常はなかった」と強調しパイロット・ミスを強く示唆するコメントを残した。
彼らの残したストーリーは次のようなものである。

接水時の速度は200ノット（時速約370キロメートル）程度で、残骸から推定するとフラップは使用せず、左右の傾きはなく、機首上げ15〜20度の姿勢で接水した。

機首の引き起こしが遅れて、海面に気が付いたときにスピードブレーキを閉じてエンジン推力を上げ、操縦桿を引いたものと見られる。

管制塔から「全日空ジェット8302、コンベア880がアウターマーカーを、30秒前に通過した。視認できるか？」の問いかけに、「視認できない。現在ロングベース」と答えている。操縦士は、このとき（視認のために）よそ見をしていたと考えられる。それまで機体の異常を連絡していないから、機体に異常があったとは考えられない。

機長は有視界飛行に切り替えたため、コンベア880の発見に注意を集中し、副操縦士は着陸前の確認に忙しく計器に注意が向けられていなかったか読み違えた可能性がある。特に高度計を読み違える可能性が高い。アメリカではこのミスによる事故が少なくない。さらに羽田では、夜間という条件もあった。

残骸調査の結果、スポイラーは全て閉じていた。

1番エンジンが機体に残り、3番エンジンが離脱したのは取り付けボルトの強度の許容誤差による。エンジンの回転によるトルクが影響しているかも知れない。3番エンジンはまず後方のボルトが切断している。

　このシナリオは、推測が多く、調査の始まらないうちに予断を持ち込んでいる。まだ事故から5日後にアメリカCABによって示された「本場物の見解」は関係者を戸惑わせたが、これがアメリカ側の「希望」であることは明らかだった。

　事実認識にも誤りがあった。機体の変形具合からして、明らかに左に傾いて接水しているにもかかわらず、水平に接水したと述べている。特にフライトスポイラーは素人が見ても開いていたが、全て閉じていたとする見解は、背後にある意図を感じさせた。

　それだけではなかった。事故の翌日にはボーイング社のスミス、ファーソン、ハンセンの3氏が電光石火で来日している。スミスは、早速「ボーイング727はT字型の尾翼のせいで急な降下をすると失速しやすいといわれるがそんなことはない」と述べ、改めて機体には問題がないことを強調した。

　アメリカ製ストーリーについて、当時パイロットたちの間では非難の声が強く上がった。乗員から管制官に連絡がなかったからといって機体に異常なしとする点には「まるで素人判断だ。異常が起きたら先ずそれに対処して、落ち着いてから管制へ連絡でしょう」と言下に否定したのである。

　1985年の御巣鷹山ジャンボ墜落事故でも早々にボーイング社の調査団が現場に入り「圧力隔壁破壊説」のレールを敷いて帰ったが、この折も同様だった。結局、「羽田沖事故」はアメリカ人たちが敷設した「操縦ミス説」に大きく傾斜していくことになる。

報告書案と「山名リポート」

木村調査団の報告書は、第1次から最終報告書まで、2年半の間に6回作られている。私は全ての報告書案を読んでいるが、1968年段階で書かれたものの方が比較的事実が多く書かれている。

たとえば、第1次案には、パイロットが高度計を誤読した可能性は「極めて低い」とし、他機（日航コンベア880）に注意を奪われて予定高度を大幅に逸脱して急降下しすぎた可能性も「考えられない」と書いている。これらの記述は、誰もが納得する論理的な思考である。しかし、それらは最終報告書からは削除された上に、「一般論として」パイロット・ミスを強く示唆する形で「高度計の誤読」と「高度計への適切な監視の欠如」、「操縦操作の誤り」が盛られている。結局、どれが事故原因か判定は付かず「したがって事故原因は不明という公算が大である」と逃げの一手を打ってあるが、読後の印象は「パイロット・ミス」へと導かれる。

第1次案　1968年4月26日
第2次案　1968年6月6日
第3次案　1968年7月18日

「山名リポート」　1969年10月9日
第4次案　1970年1月
第5次案　1970年8月19日
報告書　1970年9月29日

時間経過にしたがって各案を見ると、1次から3次案までは文章表現を変えたに過ぎないことが分かる。1969年10月には山名正夫教授の研究、いわゆる「山名リポート」が発表された。1970年代に入ってから書かれた案は、このリポートへの反論といった色彩が濃くなっている。私見では、科学的とはいえない姿勢が目立ち、読みづらい。両陣営の確執が露骨に現れている。

山名は明確な「機体欠陥説」の立場を取る。第3エンジンの異常である。以下は、その概要である。

第3エンジンのカバーは、散らばった機体の残骸から離れて、飛行経路上のいちばん千葉よりに落ちていた。これは、第3エンジンにトラブルが発生し機体から離脱したのが、接水前だった可能性を示唆している。

3番エンジンだけ飛行航路から70メートルも離れた地点で発見されたのは、機体に完全に固定された状態でなくなり、振り払われるような力が加わった可能性がある。取り付けボルトは飛行中に破断した可能性が高い。エンジンががたつき、破断したボルトが激しく胴体側の取り付け部に当たってすり傷や打痕を残したと考えられる。

3番エンジンのテイル・パイプ（エンジンの後ろ、ジェット推進力となるガスを噴出する管）が、後ろから内側にまくれ込んでいる。これはエンジンが前からでなく、後ろから水に突っ込んだことを示している。エンジンが機体に固定された状態では起こりにくい。

3番エンジンの外側には、ねじれた変形が見られる。これは燃焼ガスが後ろから前に逆に噴出する現象、バックファイアー（逆火）により生じることが知られている。バックファイアーは、エンジンの前方に爆風と共に火炎を噴出する。3番エンジンの空気取り入れ口付近の客室窓パネルが3ヶ所外れているのは、激しいバックファイアーによるものと推定される。客室窓は機体の中から外に押し出す力に対しては強いが、逆に外から中に押し込む力には比較的弱い。山名の実験によれば、200キログラム程度の力で窓は内側に外れることが判明している。

窓が破れると、そこから爆炎が機内に流れ込み一過性の炎が乗客をなめる。軽い火傷を負った遺体が22体確認されている。客室の内張り、座席のテーブルが茶色に変色していた。ボーイング社の調査員は一酸化炭素、二酸化炭素、炭素の粉末による変色と鑑定、明らかに火炎が機内に入ったことを証拠立てている。なお木村調査団は、東京湾のヘドロによる変色と主張。

3番エンジン内部で圧縮された空気は、客室の与圧にも使用される。エンジンがバックファイアーを起こすのは燃料に対して酸素が不足したためで、この燃え残りの燃料（気化したガス）が機内に流入し燃焼することもあり得る。

機関士席にある空調装置のスイッチが切られていた。機内温度の表示は華氏112度、摂氏44

度を示して非常に高かった。スイッチを切ったのは、高温で灯油くさい空気が操縦室と客室に入り込んできたためエンジンからの加圧空気を止めるためだったと考えられる。機長席の左側面のスライド窓が開いており、調査した結果、墜落前に開けられたことが分かっている。外気を入れようとしていた可能性が高い。

3番エンジンに燃料を送るレバー（スタートレバー）は燃料を切る方向に途中まで動かされていた。このレバーは飛行中、不用意にエンジンが停止しないように燃料を送る位置で窪みにしっかりと入り、切るときは指をかけて手前に引きレバーを窪みから引っ張り出してからでないと動かせない。事実、1番と2番のレバーは頭がつぶれ変形していたが、燃料を送る位置から外れていなかった。3番エンジンのレバーには変形もキズもなく、燃料を切る方向に動いていたが途中で止まっていた。これは、エンジンと胴体の関係位置が正常でなくなっていて、力を入れても動かせなかった可能性がある。

このような状況下で、727のパイロットはどのような処置を講ずるものか、複数名に尋ねてみた。答えは「エンジンへの燃料供給を緊急に遮断する緊急遮断ハンドル（ファイアーハンドル）を引く」、全員が即座にそう答えた。3番エンジンのファイアーハンドルは引かれていた。エンジン火災の時に使用するT字型ハンドルは操縦士席前の計器盤に付いていて手前に引き出すとエンジンへの燃料供給が絶たれ、消火剤の流れる管が開かれる。次に、このハンドルの下にある消火ボタンを押すと、消火剤が発射される仕組みである。

状況証拠から推論すれば、3番エンジンに火災あるいはバックファイアーが発生したため、緊急時のマニュアルにしたがって推力レバーを手前に戻し、次にスタートレバーで燃料を切ろうとしたが途中で止まり動かなくなったので、ファイアーハンドルを引いた可能性が高い。これら一連の操作は、3番エンジンで異常が発生していたと考えるのが論理的である。

3番エンジンの推力を示す圧力比計の針が、1番と2番よりも低い数値を示していた。だが、針に表示する数値の信号を送っているトランスミッターの歯車は、一見三つのエンジン全て同じ位置にあった。どちらが正しいのか。精査するにおよび嚙み合った歯車にヘドロが挟まっていることが分かり、回収の過程で軸が回転したことが判明。本来、海中で嚙み合っていたときの正しい位置を再現した。この結果、やはり3番エンジンの推力は他の二つよりもかなり低かった。

千葉県市原市の海岸から見た目撃情報によれば、低空（200～300メートル）を海面に水平に飛行していく赤と緑の翼端灯が見え、水平線上に達するかと思えた頃に一瞬火焔が上がったが、すぐに消滅した。接水前に上空で火が出ていたわけで、この証言からも一時的なエンジン火災かバックファイアーがかなり大きな炎を出した可能性がある。

1969年10月6日、山名は会議で自説を約7時間にわたって開陳した。世界のどこに出しても恥ずかしくない調査結果を突きつけられても大多数の調査員の反応は冷たかった。報告書の中では、山名が指摘する機体の異常と見られる事実について「接水前に発生したことを示す証拠は発見されなかった」、乗客の火傷については「火災の証拠は発見されなかった」と分析さえ行っていない。

議論の的は3番エンジンだけに留まらなかった。本来、地上でしか働かないはずの地上スポイラーが飛行中に作動した形跡も指摘された。こんなものが働けば飛行機は一気に失速してしまう。ほかにも謎は多かった。ここでは、墜落寸前、乗客が緊急脱出の準備を始めていた可能性について記してみたい。

羽田に近づいていた着陸寸前の機内では通常、乗客全員シートベルトをしている。しかし、乗客が座っていた126席の内、シートベルトの取り付け部に大きな力が加わった形跡のない座席が27パーセントもあった。つまり、27パーセントの乗客がシートベルトをしていなかった。

救命胴着（ライフベスト）は98個が回収されたが、33個が膨らんだ状態だった。ベストの下部に付いている紐を強く引かなければ膨らまないから、実際に使用されたと考えた方が自然である。事実、第1次報告書案の中では「ライフベストは構造から見て破壊時などの外力によって操作状態になる可能性は少ないので、大部分は旅客または乗務員が操作した可能性が強い」と認定していた。ところが、報告書ではこの可能性を否定し「接水前に開いたという証拠も発見されなかった」と変更された。では、一体誰が操作したというのだろう？

緊急脱出用のシュート（滑り台）の片方を機体に固定する棒が、床の金具に装着されていた。客室後方ドアのハンドルが全開位置にあった。ドアのロックメカニズムが全開の位置で打痕が残されていたため、接水前に全開にされていたことが分かった。さらにドアが開かれると、操縦席に警報灯が点灯するが、このフィラメントは点灯状態で断線していた。着水前にドアは開かれていたことは明らかである。

当時、「ロザリオの訴え」として報道されたが、カトリック信者が普段は首にかけないロザリオをかけた状態で死亡していた。危険を感じて体から離さないためにそのようにしたのではないかといわれた。

原因不明

1970年1月24日、事故からすでにほぼ4年が経過していた。この日、事故調査団は最後の会議を開くことになった。山名をはじめとする少数派が反対するなか、「原因不明」と結論づける最終報告書案が多数決をもって採択されたのである。

直後に開かれた記者会見の場で多くの記者から理非をただす声が上がったのも当然だった。「山名リポート」は無視され排除された。

遺された最終報告書は、誰が読んでも辻褄の合わない稚拙な作文となった。これが当代随一と謳われた頭脳が結集して作られた論文とは私も信じたくなかった。

「エンジンは機体に3本のボルトで固定されているが、3番エンジンの取り付けボルトは、前上部ボルトが切れ、次いで後部ボルトが、最後に前下部ボルトが切断して落下したものと推定される。エンジンが脱落するまでの間にかなりの回数の相対運動があったものと思われる。その間に離脱したものと思われるカウリング（カバー）の破片が、接水点の南東約２００メートルの地点で揚収されている」

と事実認定しているものの、結論の章では、

「機体、発動機からは、事故原因に直接関係があると認められる不具合が接水前に発生したことを示す証拠は発見されなかった」

と事実を分析しようとしない。これでは何があっても「証拠として認めない」とすることで「原因不明」にすることが出来る。

ただ、この事故をきっかけに、山名と楢林の知遇を得られたことは暗闇に見た一筋の光明だった。鎌倉に山名を訪ねた日のことが忘れられない思い出である。山名が語ってくれた事故調査のあるべき姿は多くの後輩たちに引き継がれた。以後、事故調査を見つめる関係者と世間の目は確実に厳しくなったが、お役所の仕事には進歩も向上もなかった。本書の第１章「日航１２３便・ジャンボ墜落事故」に見たように、残念ながら我が国の航空事故調査はこれ以降同じ轍を踏み続けることになる。

新潮選書

あの航空機事故《こうくうきじこ》はこうして起《お》きた

著　者………………藤田日出男《ふじたひでお》

発　行………………2005年 9 月20日
4　刷………………2014年 8 月30日

発行者………………佐藤隆信
発行所………………株式会社新潮社
〒162-8711 東京都新宿区矢来町71
電話　編集部 03-3266-5411
　　　読者係 03-3266-5111
http://www.shinchosha.co.jp
印刷所………………錦明印刷株式会社
製本所………………株式会社大進堂

ISBN978-4-10-603556-2 C0353